国防科技工业无损检测人员资格鉴定与认证培训教材

# 目 视 检 测

《国防科技工业无损检测人员资格鉴定与认证培训教材》编审委员会 编

主 编 王跃辉
主 审 花家宏

机械工业出版社

目视检测是无损检测的一种常用方法。本书是国防工业无损检测 II、III 级人员培训教材。系统地介绍了目视检测的理论基础、设备与仪器及其使用、目视检测的实际操作、各种零部件和材料的目视检测技术、相关标准、检测规程和工艺卡、目视检测质量管理和安全防护等知识，使学员能够全面了解和掌握目视检测的各个环节。

本书可供参加无损检测资格鉴定与认证培训的教师、学员使用，也可供从事目视检测和质量管理的人员参考。

## 图书在版编目（CIP）数据

目视检测/《国防科技工业无损检测人员资格鉴定与认证培训教材》编审委员会编．—北京：机械工业出版社，2006.1（2025.12 重印）
国防科技工业无损检测人员资格鉴定与认证培训教材
ISBN 978-7-111-18439-3

Ⅰ.目… Ⅱ.国… Ⅲ.无损检测—目测法—技术培训—教材 Ⅳ.TG115.28

中国版本图书馆 CIP 数据核字（2006）第 007288 号

机械工业出版社（北京市百万庄大街 22 号　邮政编码 100037）
责任编辑：吕德齐　孔　劲
责任印制：郜　敏
河北虎彩印刷有限公司印刷
2025 年 12 月第 1 版第 15 次印刷
184mm×260mm・8.75 印张・202 千字
标准书号：ISBN 978-7-111-18439-3
定价：39.00 元

电话服务　　　　　　　　网络服务
客服电话：010-88361066　　机　工　官　网：www.cmpbook.com
　　　　　010-88379833　　机　工　官　博：weibo.com/cmp1952
　　　　　010-68326294　　金　　书　　网：www.golden-book.com
封底无防伪标均为盗版　　　机工教育服务网：www.cmpedu.com

## 编审委员会

主　任　马恒儒

副主任　陶春虎　郑　鹏

成　员　（以姓氏笔画为序）

　　　　王自明　王任达　王跃辉　史亦韦　叶云长　叶代平　付　洋
　　　　任学冬　吴东流　吴孝俭　何双起　苏李广　杨明纬　林猷文
　　　　郑世才　徐可北　钱其林　郭广平　章引平

## 审定委员会

主　任　吴伟仁

副主任　徐思伟　耿荣生

成　员　（以姓氏笔画为序）

　　　　于　岗　王海岭　王晓雷　王　琳　史正乐　任吉林　朱宏斌
　　　　朱春元　孙殿寿　刘战捷　吕　杰　花家宏　宋志哲　张京麒
　　　　张　鹏　李劲松　李荣生　庞海涛　范岳明　赵起良　柯　松
　　　　宫润理　徐国珍　徐春广　倪培君　贾慧明　景文信

## 编委会办公室

主　任　郭广平

成　员　（以姓氏笔画为序）

　　　　任学冬　朱军辉　李劲松　苏李广　徐可北　钱其林

# 序　言

无损检测技术是产品质量控制中不可缺少的基础技术。随着产品复杂程度的增加和对安全性保证的严格要求，无损检测技术在产品质量控制中发挥着越来越重要的作用，已成为保证军工产品质量的有力手段。无损检测应用的正确性和有效性，一方面取决于所采用的技术和设备的水平，另一方面在很大程度上取决于无损检测人员的经验和能力。无损检测人员的资格鉴定是指对报考人员正确履行特定级别无损检测任务所需知识、技能、培训和实践经历所作的验证；认证则是对报考人员能胜任某种无损检测方法的某一级别资格的批准并作出书面证明的程序。对无损检测人员进行资格鉴定是国际通行做法。美国、欧洲等发达国家都建立了有关无损检测人员资格鉴定与认证标准。国际标准化组织 1992 年 5 月制定了国际标准 ISO 9712，规定了人员取得级别资格与所能从事工作的对应关系，通过人员资格鉴定与认证对其能力进行确认。无损检测人员资格鉴定与认证对确保产品质量的重要性日益突出。

改革开放以来，船舶、核能、航天、航空、兵器、化工、煤炭、冶金、铁道等行业先后开展了无损检测人员资格鉴定与认证工作，对提高无损检测人员素质，确保产品质量发挥了重要作用。随着社会主义市场经济体制不断完善，国防科技工业管理体制改革逐步深化，技术进步日新月异，特别是高新技术武器装备的科研、生产对质量工作提出新的更高要求，现有的无损检测人员资格鉴定与认证工作已经不能适应形势发展的要求。未来十年是国防科技工业实现跨越发展的重要时期，做好无损检测人员资格鉴定与认证工作对确保高新技术武器装备研制、生产的质量具有极为重要的意义。

为进一步提高国防科技工业无损检测技术保障水平和能力，国防科工委《关于加强国防科技工业技术基础工作的若干意见》提出了要研究并建立与国际惯例接轨，适应新时期发展需要的国防科技工业合格评定制度。2002 年国防科技工业无损检测人员的资格鉴定与认证工作全面启动，各项工作稳步推进；2002 年 11 月正式颁布 GJB 9712—2002《无损检测人员的资格鉴定与认证》；2003 年 8 月出版了《国防科技工业无损检测人员资格鉴定与认证考试大纲》；2003 年 9 月国防科工委批准成立国防科技工业无损检测人员资格鉴定与认证委员会，授权其统一管理和实施承担武器装备科研生产的无损检测人员资格鉴定与认证工作，标志着国防科技工业合格评定制度的建立开始迈出了重要的一步。鉴于国内尚无一套能满足 GJB 9712 和《国防科技工业无损检测人员资格鉴定与认证考试大纲》要求的教材，为了做好国防科技工业无损检测人员资格鉴定与认证考核工作，国防科工委科技与质量司组织有关专家编写了这套国防科技工业无损检测人员资格鉴定与认证培训教材。

本套教材比较全面、系统地体现了 GJB 9712—2002《无损检测人员的资格鉴定与认

# 序 言

证》和《国防科技工业无损检测人员资格鉴定与认证考试大纲》的要求，包括了对无损检测Ⅰ、Ⅱ、Ⅲ级人员的培训内容，以Ⅱ级要求内容为主体，注重体现Ⅲ级所要求的深度和广度，强调实际应用；同时教材体现了国防科技工业无损检测工作的特色，增加了典型应用实例、典型产品及事故案例的介绍，并力图反映无损检测专业技术发展的最新动态。全套教材共11册，包括《无损检测综合知识》、《涡流检测》、《渗透检测》、《磁粉检测》、《射线检测》、《超声检测》、《声发射检测》、《计算机层析成像检测》、《全息和散斑检测》、《泄漏检测》和《目视检测》。

由于无损检测技术涉及的基础科学知识及应用领域十分广泛，而且计算机、电子、信息等新技术在无损检测中的应用发展十分迅速，教材编写难度较大。加之成书比较仓促，难免存在疏漏和不足之处，恳请培训教师和学员以及读者不吝指正。愿本套教材能够为国防科技工业无损检测人员水平的提高和促进无损检测专业的发展起到积极的推动作用。

本套教材参考了国内同类教材和培训资料，编写过程中得到许多国内同行专家的指导和支持，谨此致谢。

"国防科技工业无损检测人员  
资格鉴定与认证培训教材"编审委员会  
2005年6月

# 前　言

根据国防科技工业无损检测人员资格鉴定与认证考试培训教材编审委员会 2003 年 4 月召开的"国防科技工业无损检测人员培训教材编写"工作会议和培训教材编写大纲审定会议确定分工，我们承担了《目视检测》教材编写，并贯彻以下编制原则：一是紧密围绕考试大纲，强调解决实际问题；二是突出体现国防科技工业无损检测工作特色，适当增加典型应用及案例的介绍；三是教材内容编排按照基础理论、检测技术及应用、相关标准和编制检测工艺规程四大部分安排章节。教材中带"*"的章节仅适用于Ⅲ级人员。

本教材共设 10 章。第 1 章概述，简单介绍目视检测定义与应用场合以及可能发现的缺陷；第 2 章目视检测的光学基础，描述目视检测所需的光学知识和人眼视力知识，为理解后几章关于设备器材和检测技术的基本原理提供一个理论基础；第 3 章设备与仪器及其使用，描述目视检测设备器材的基本结构、原理以及使用要求，为学员正确选择和使用检测设备器材提供一个知识基础；第 4 章目视检测操作，叙述试件的准备要求，检测方法和结果记录等内容；第 5 章零部件及原材料目视检测，介绍焊接件、铸件、锻件、板材、管材等的检测要求和验收准则；第 6 章内窥镜检测技术，重点讲解内窥镜检测技术和典型缺陷图像案例分析；第 7 章相关标准介绍，主要介绍目视检测标准（模拟）以及简单介绍国内外相关标准；第 8 章检测工艺规范的编写，介绍工艺规程和工艺卡的编写要求和常见形式，提供参考知识；第 9 章目视检测的质量管理，描述目视检测过程中的质量控制要求，使学员了解影响检测质量的各方面因素，并掌握质量控制要点；第 10 章安全，简单介绍目视检测过程中对安全的要求。

本教材第 1、2、4、5、8、9、10 章由王跃辉编写，第 3 章由王跃辉、孙强编写，第 6 章由赵长铸、姜海光编写，第 7 章由赵长铸、王跃辉编写，全书由王跃辉整理定稿。花家宏担任主审，梅德松、杨炯、朱伟青、金春玲参加了审查。

本教材在编写中，除了参考国内外公开的一些文献外，还参考了核工业无损检测中心编写的核工业内部目视检测培训讲义、航天工业有关内窥镜检测标准方面的资料，教材也写入了编者从事目视检测工作积累的经验和在培训教学中的一些体会。编写组对有关作者及参与本书讨论的专家表示衷心感谢。

目前，在国内无损检测界，目视检测人员资格认证及持证上岗制度尚处在开拓阶段，现今还没有正式出版的目视检测人员培训教材，本书是初次尝试。限于编者水平，错误和疏漏恐在所难免，热诚欢迎参加培训的师生及广大读者提出宝贵意见。

《目视检测》编写组  
2005 年 11 月

# 目 录

序言
前言

**第1章 概述** ...... *1*
　1.1 目视检测的定义 ...... *1*
　1.2 目视检测的应用场合 ...... *1*
　1.3 目视检测可能发现的缺陷 ...... *1*
　　1.3.1 原材料 ...... *2*
　　1.3.2 焊接件 ...... *2*
　　1.3.3 压力容器 ...... *2*
　复习题 ...... *3*

**第2章 目视检测的光学基础** ...... *4*
　2.1 光学基础 ...... *4*
　　2.1.1 光和光线 ...... *4*
　　2.1.2 光的特性 ...... *4*
　　2.1.3 光学中的基本物理量 ...... *5*
　　2.1.4 光的反射 ...... *9*
　　2.1.5 光的折射 ...... *13*
　　2.1.6 光的吸收和散射 ...... *19*
　2.2 视力 ...... *20*
　　2.2.1 人眼解剖学与生理学特点及图像形成 ...... *20*
　　2.2.2 人眼看清物体的条件 ...... *22*
　　*2.2.3 光强与颜色的观察及其分辨力 ...... *23*
　2.3 目视检测人员的视力检查 ...... *26*
　　2.3.1 近视力检查和远视力检查 ...... *26*
　　2.3.2 色盲检查 ...... *27*
　　2.3.3 夜盲和昼盲 ...... *27*
　复习题 ...... *28*

**第3章 设备与仪器及其使用** ...... *29*
　3.1 光源的种类及其特点 ...... *29*
　　3.1.1 自然光源 ...... *29*
　　3.1.2 人工光源 ...... *29*
　　*3.1.3 不可见光源 ...... *30*
　　3.1.4 光源的选择 ...... *30*
　3.2 反光镜、放大镜、显微镜和望远镜的构造与性能及使用 ...... *30*
　　3.2.1 反光镜 ...... *30*
　　3.2.2 放大镜 ...... *31*
　　*3.2.3 显微镜 ...... *31*
　　3.2.4 望远镜 ...... *31*
　*3.3 管道镜的构造与性能及使用 ...... *32*
　3.4 工业内窥镜的构造与性能及使用 ...... *32*
　　3.4.1 直杆内窥镜 ...... *32*
　　3.4.2 光纤内窥镜 ...... *33*
　　3.4.3 视频内窥镜 ...... *35*
　　3.4.4 内窥镜的正确使用 ...... *39*
　*3.5 照度计及使用 ...... *39*
　3.6 图像记录设备及其使用 ...... *40*
　　3.6.1 照相机 ...... *40*
　　3.6.2 摄像机 ...... *41*
　3.7 测量工具及其使用 ...... *41*
　　3.7.1 焊接检验尺 ...... *41*
　　3.7.2 高度尺 ...... *42*
　3.8 设备的校验与周期 ...... *43*
　复习题 ...... *43*

**第4章 目视检测操作** ...... *44*
　4.1 试件的准备 ...... *44*
　　4.1.1 目视检测的必须条件 ...... *44*
　　4.1.2 试件的准备 ...... *44*
　4.2 目视检测方法 ...... *45*

| 4.2.1 | 直接目视检测 | 46 |
| 4.2.2 | 间接目视检测 | 46 |

4.3 图像记录

| 4.3.1 | 记录介质的分类 | 46 |
| 4.3.2 | 记录介质的应用 | 46 |

复习题 47

## 第5章 零部件及原材料目视检测 48

5.1 焊接件 48
    5.1.1 焊接基本知识 48
    5.1.2 焊缝目视检测一般要求 53
    5.1.3 焊缝缺陷的目视检查 54
    5.1.4 验收准则 58
    5.1.5 结果记录和报告 60

5.2 铸件 60

5.3 锻件 61
    5.3.1 钢锻件中常见的表面缺陷 61
    5.3.2 铝合金锻件中常见的表面缺陷 61

5.4 板材 61

5.5 管材 62
    5.5.1 管材的分类 62
    5.5.2 管材中常见的表面缺陷 62

5.6 检测要求 63
    5.6.1 铸件检测要求 63
    5.6.2 锻件检测要求 63
    5.6.3 钢板检测要求 63
    5.6.4 管材检测要求 64

5.7 其他目测检查 64
    5.7.1 螺栓检查 65
    5.7.2 设备支承检查 66
    5.7.3 系统的泄漏检查 66

复习题 66

## 第6章 内窥镜检测技术 68

6.1 内窥镜选用 68
6.2 影响内窥镜检测的主要因素 69
    6.2.1 照明条件 69
    6.2.2 探头位置与角度 70
    6.2.3 通道 71
    6.2.4 图像的畸变 71
    6.2.5 分辨率、放大倍数、可检测最小缺陷 71
    6.2.6 物体表面反射率 71

6.3 内窥镜的使用 72
    6.3.1 环境要求 72
    6.3.2 对内窥镜探头的要求 72
    6.3.3 对内窥镜的要求 73
    6.3.4 产品的准备 73
    6.3.5 一般内窥镜检测程序 74
    6.3.6 安全防护 74
    6.3.7 内窥镜检测工艺验证 75

6.4 内窥镜检测的范围 75
    6.4.1 管路 75
    6.4.2 容器 75
    6.4.3 孔洞及深孔制件 75
    6.4.4 焊缝 75
    6.4.5 内表面粗糙度 75
    6.4.6 产品状态检查 75

6.5 内窥镜检测主要缺陷图像 76
    6.5.1 多余物 76
    6.5.2 锈迹、腐蚀 76
    6.5.3 毛刺翻边 77
    6.5.4 起皮(翻皮) 78
    6.5.5 划痕、拉伤(划伤) 78
    6.5.6 凸起、凹陷 78
    6.5.7 异常斑点 79
    6.5.8 焊接缺陷 80
    6.5.9 颜色变化 80
    6.5.10 裂纹 80
    6.5.11 镀(涂)层损伤、脱落 81
    6.5.12 磨损 81
    6.5.13 烧蚀 81

6.6 内窥镜测量技术 82
    6.6.1 内窥镜测量的特点 82
    6.6.2 阴影测量法:利用阴影投射及三角几何原理进行测量 82

  6.6.3 双物镜测量法：利用三角
    几何原理 ..................................... 84
  6.6.4 比较测量法：利用同一观察
    面上已知尺寸进行比较测量 ......... 86
  6.6.5 测量试块的要求 ......................... 87
  6.6.6 测量精度（只考虑阴影测量和
    双物镜测量）............................. 87
  6.6.7 与测量精度有关的
    因素的影响 ................................. 87
 复习题 ....................................................... 88

## 第 7 章　相关标准介绍 ................................. 89
 7.1 国内目视检测标准现状 ....................... 89
 7.2 目视检测方法标准（模拟）............... 89
  7.2.1 适用范围 ..................................... 89
  7.2.2 规范性引用文件 ......................... 89
  7.2.3 术语和定义 ................................. 90
  7.2.4 目视检测分类 ............................. 90
  7.2.5 一般要求 ..................................... 90
  7.2.6 检测文件 ..................................... 91
  7.2.7 检测要求 ..................................... 91
  7.2.8 评判记录 ..................................... 92
  7.2.9 检测报告 ..................................... 92
 7.3 目视检测验收标准（模拟）............... 92
  7.3.1 适用范围 ..................................... 93
  7.3.2 规范性引用文件 ......................... 93
  7.3.3 验收细则 ..................................... 93
  7.3.4 结果处理 ..................................... 93
 7.4 内窥检测标准介绍 ............................... 93
  7.4.1 QJ 2859—1996《工业内窥镜
    操作使用方法与判定规则》......... 93
  7.4.2 内窥检测规范 ............................. 95
 7.5 内窥检测验收标准（模拟）............... 99
  7.5.1 适用范围 ..................................... 99
  7.5.2 验收细则 ..................................... 99
  7.5.3 结果处理 ..................................... 99
 7.6 国外目视检测标准情况 ..................... 100
  7.6.1 美国 ASME 规范 ....................... 100
  7.6.2 法国 RCC—M 标准 ................... 105
 复习题 ..................................................... 108

## 第 8 章　检测工艺规范的编写 ..................... 109
 8.1 目视检测工艺规程 ............................. 109
  8.1.1 管理性规定 ............................... 109
  8.1.2 技术性规定 ............................... 109
 8.2 检测工艺卡 ......................................... 119
 复习题 ..................................................... 121

## 第 9 章　目视检测的质量管理 ..................... 122
 9.1 人员要求 ............................................. 122
 9.2 仪器设备和环境控制 ......................... 122
 9.3 检验文件 ............................................. 123
  9.3.1 检测工艺规程 ........................... 123
  9.3.2 质量计划 ................................... 124
  9.3.3 文件的有效性 ........................... 124
 9.4 检测实施控制 ..................................... 124
 复习题 ..................................................... 124

## 第 10 章　安全 ................................................. 126
 10.1 目视检测的安全要求 ....................... 126
  10.1.1 "安全""健康"的定义以及
    危害和风险 ............................. 126
  10.1.2 "安全第一"的工作方针 ........... 126
 10.2 目视检测工作中存在的
   危险 ................................................. 126
  10.2.1 造成事故的基本原因 ............. 126
  10.2.2 有害和易燃化学品的
    污染危害 ................................. 127
  10.2.3 危险化学品对健康的
    影响 ......................................... 127
 10.3 预防措施 ........................................... 127
  10.3.1 集体预防措施 ......................... 127
  10.3.2 个人基本防护要求 ................. 128
 10.4 眼睛的防护 ....................................... 128
 复习题 ..................................................... 129

# 第1章 概 述

随着现代工业的发展，对产品质量和结构的安全性，使用的可靠性提出了越来越高的要求。由于无损检测技术具有不破坏工件、检测灵敏度高、可靠性好等优点，所以被广泛地应用于各种行业。国防科学技术工业承担着国家航天、航空、船舶、兵器、核工业等重大国防和民用建设任务，其生产制造的产品关系着国家的和平与安定，关系着人民健康安全等重要领域，无损检测技术的应用显得尤为重要。其目的主要是为了保证产品质量、保障使用安全、改进生产工艺、降低生产成本。

## 1.1 目视检测的定义

人类的视觉功能是一种本能，因此目视检测可以说是有人类以来就有的最为古老的方法，从广义上说只要人们用视觉所进行的检查都称为目视检查。现代目视检测是指用观察评价物品（诸如容器和金属结构和加工用材料、零件和部件的正确装配、表面状态或清洁度等）的一种无损检测方法，它仅指用人的眼睛或借助于光学仪器对工业产品表面作观察或测量的一种检测方法，典型的是将目视检测限制在电磁谱的可见光范围之内。

## 1.2 目视检测的应用场合

目视检测是无损检测的重要方法之一。由于原理简单，易于理解和掌握，不受或很少受被检产品的材质、结构、形状、位置、尺寸等因素的影响，一般情况下，无须复杂的检测设备器材，检测结果具有直观、真实、可靠、重复性好等优点，被广泛应用于产品制造、安装、使用的各个阶段。它不仅可应用于原材料的检查，例如铸件、锻件、坯料、棒材、丝材、管件、粉末冶金、非金属材料等，也可应用于产品检查，例如焊接件、设备支撑、螺栓、螺母、减振器、限位、压力容器等，同时也可应用于产品使用过程中的定期和非定期检查。

## 1.3 目视检测可能发现的缺陷

目视检测是一种表面检测方法，其应用范围相当广泛，不但能检测工件的几何尺寸、结构完整性、形状缺陷等，而且还能检测工件表面上的缺陷和其他细节。由于受到人眼分辨能力和仪器设备分辨率的限制，目视检测不能发现表面上非常细微的缺陷。在观察过程中由于受到表面照度、颜色的影响容易发生漏检现象。

### 1.3.1 原材料

**1. 铸件**

铸件是金属液体注入铸模中冷却凝固而形成的产品。铸件目视检测一般都是在铸件清砂或出胚切掉冒口后进行。铸件中常见的缺陷有：几何尺寸不符合要求和铸造缺陷，例如，粘砂、夹砂、裂纹（冷、热裂纹）、缩孔、疏松、气孔等。

**2. 锻件**

锻件是由热态金属经施加外力产生塑性形变而形成的产品。锻件目视检测一般在锻件热处理后进行。锻件中常见的缺陷可分为铸造缺陷、锻造缺陷和热处理缺陷。铸造缺陷主要有：缩孔残余、疏松、夹杂物、裂纹等。锻造缺陷主要有：折叠、白点、裂纹等。热处理缺陷主要有：裂纹等。

**3. 管材**

管材种类很多，按其材料可分为黑色金属管、有色金属管、非金属管等；按其制造方法可分为锻制管、铸造管、热轧管、冷轧管、热拔管、冷拔管、热挤压管、冷挤压管、焊接管、复合管等。管材中常见缺陷由于管材的制法不同，出现的缺陷种类亦有所不同。

（1）铸造管

1）表面气孔。其表现特征为半球形，椭球形或蝌形等空腔，呈单个分散、密集或链状分布。

2）残余缩孔。常呈漏斗状空洞。

3）裂纹。热裂纹往往成群出现且略有曲折；而冷裂纹则较为平直，且缝隙较小。

（2）锻、轧、拉和挤压管

1）起皮。管壁内孔穴中气体因膨胀而在管表面上造成的凸起。

2）管端分层。位于管坯端头的缺陷在制造过程中被压扁和延伸至端面与管表面平行将金属分离。

3）折叠。轧制或使用其他方法进行加工时管坯局部金属被叠压在管表面。

4）划痕。

5）鳞皮。过热氧化皮引起的鳞皮。

6）裂纹。

7）其他缺陷。

（3）焊接管

焊接件表面存在的缺陷在焊接管中都可能出现（见 1.3.2 焊接件）。

### 1.3.2 焊接件

焊接结构在焊制过程中因焊接工艺与设备条件的偏差、残余应力状态和冶金因素变化的影响，往往会在焊缝中产生各种各样的缺陷，常见的缺陷有气孔、裂纹、未熔合、未焊透、夹渣、形状缺陷等。

### 1.3.3 压力容器

压力容器的类型类别很多，其基本构成可分解为筒体、端盖（封头）、法兰、接管、支座等几部分，通常用焊接的方法制造。所以压力容器的目视检测主要是对各种焊缝的检测，同时也包括压力容器的泄漏检查、外观质量检查、内部质量检查等。

## 复 习 题

1. 简述无损检测在现代化工业生产中使用的目的。
2. 目视检测的定义与应用场合。
3. 目视检测可以发现的缺陷类型。
4. 原材料中存在的主要表面缺陷。
5. 焊接件中常见的表面缺陷。

# 第 2 章 目视检测的光学基础

## 2.1 光学基础

### 2.1.1 光和光线

光和人类的生产生活有着十分密切的关系，人的视觉要依靠光，人类的一切活动几乎都离不开光，人们常说"耳听为虚，眼见为实"正反映了人对光的重要作用的认识。人类通过实践积累了有关光的丰富的感性知识，很早就开始研究光。对光的本性的认识从牛顿的微粒说，发展到惠更斯的波动说，麦克斯韦根据电磁波的性质证明，光实际上是电磁波。从此人类对光的本性有了比较正确和全面的认识。现代物理认为，光是一种具有波粒二像性的物质，即光既具有"波动性"又具有"粒子性"。只是在一定的条件下某种性质显得更为突出。

光波是电磁波的一种，波长在 400~760nm（$1nm=10^{-6}mm=10Å$）的电磁波能够被人眼感觉，称为"可见光"，超出这个范围人眼就无法感觉得到。不同波长的光产生不同的颜色感觉。同一波长的光，具有相同的颜色，称为"单色光"。由不同波长的光混合而成的光称为"复色光"，不同颜色光的波长范围如图 2-1 所示。白光是由各种不同波长的光混合而成的一种复色光。

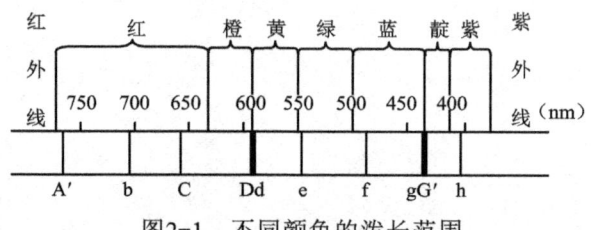

图 2-1 不同颜色的波长范围

把光的概念和几何中的点、线、面有机地联系起来，就形成了几何光学的几个基本概念。光源是一个光的辐射体，当光源的大小和其辐射能的作用距离相比可以忽略不计时，就称之为发光点，发光点被认为是一个既无体积又无大小的几何点。任何被成像的物体都是由无数发光点所组成的。用一条表示光传播的线来代表光，称之为光线，光线是一条携带能量的几何线。这种发光点和光线实际上是不存在的，因为它们的能量密度为无限大，但是，发光点和光线概念的几何化可以使人们处理问题大为简化，使人们用简单的数学方法和图解法就可以解决十分复杂的光能传播和成像问题。

### 2.1.2 光的特性

1. 光源

眼睛所以能看见物体，是由于物体对我们的眼睛引起光的感觉。像太阳、电灯等能够发光的物体，叫做光源或发光体。太阳是最大的光源。不发光的物体，只要受到发光体的照射，能反射出光来引起眼睛的感觉，我们同样可以看见。物体所以能发光，多半是由于物体的温度很高，就是所谓的热发光。金属和碳热到 500℃时发出可见的暗红色的光，温度再升高光色就变黄，热到 1500℃时成白炽。太阳表面的温度大约是 6000℃，内部温度大约是 20000000℃，所以发光极强。大多数发热的化学反应也同时发光，但是化学发光不一定是热发光。其他像生物发光、稀薄气体放电时的发光以及荧光和磷光等都不是热发光。

2. 光的传播

光在各向同性的均匀介质中是沿着直线方向传播的，这就是光的直线传播定律，这一定律是大量宏观现象的总结。一切精密的天文测量、大地测量和其他许多测量中，都把这一定律看成是精确的。针孔所造的像上下倒置，左右对调，就是光线沿直线传播所造成的现象。针孔越小，所造成的像越清楚。但是，当针孔直径小到 1/100mm 时，所造的像又模糊不清了，这是由于孔的大小接近于光的波长发生衍射现象，也就是说光在这种情况下不再是直线传播的。

3. 光的速度

各色光在真空中具有完全相同的传播速度，$C≈3×10^8$m/s。光在空气中的传播速度略小于真空中的速度，但相差无几也可当作是 $C≈3×10^8$m/s。光在其他物质中传播的速度都小于在真空中的传播速度，例如光在水中的传播速度大约是在真空中的 3/4，在水晶中光速大约是其在真空中的 2/3。

$$C = f\lambda$$

式中　　$C$ ——光速（m/s）；

$\lambda$ ——波长（m）；

$f$ ——频率（1/s）。

光在透明介质中传播时频率不变。光速随波长而变化。

在透明介质中光的波长和速度同时改变，但是频率不变。

## 2.1.3 光学中的基本物理量

发光体实际上是一个电磁波辐射源。波长在 400～760nm 之间的电磁波称为"可见光"。研究电磁波辐射的学科称为"辐射度学"，研究可见光的学科称为"光度学"。

1. 光通量

光的传播过程也是能量的传递过程，发光体在发光时失去能量，而吸收到光的物质就增加能量。光源发出的光能向周围的所有方向辐射，在单位时间里通过某一面积的光能，叫做通过这个面积的辐射通量。各色光的频率不同，眼睛对各色光的敏感度也有所不同，即使各色光的辐射通量相等，在视觉上并不能产生相同的明亮程度。在七色光中，黄绿光有最大激起明亮感觉的本领。按照产生明亮程度来估计辐射通量的物理量叫做光通量。光通量的国际单位是流明（lm）。

一个辐射体或光源发出的总光通量与总辐射能通量之比称为光源的发光效率。它表示每瓦辐射通量所产生的光通量。对于用电能点燃的光源,用每瓦耗电功率所产生的流明数作为其发光效率。例如,一个100W的钨丝灯泡所发出的总光通量为1400 lm,则其发光效率为 14 lm/W。表 2-1 列出了一些光源的发光效率。

表 2-1　常用光源的发光效率　　　　　　　　　　(单位:lm/W)

| 光源名称 | 钨丝灯 | 卤素钨灯 | 荧光灯 | 氙灯 | 碳弧灯 | 钠光灯 | 高压汞灯 | 镝灯 |
|---|---|---|---|---|---|---|---|---|
| 发光效率 | 10～20 | 30 | 30～60 | 40～60 | 40～60 | 60 | 60～70 | 80 |

**2. 发光强度**

光源发光的强弱,用发光强度来描述,发光强度简称光度。点光源向各个方向发出光能(见图 2-2),在某一方向上划出一个微小的立体角 dω,则在此立体角的范围内光源发出的光通量 dΦ 与 dω 的比值称为点光源的发光强度,即

$$I = d\Phi/d\omega$$

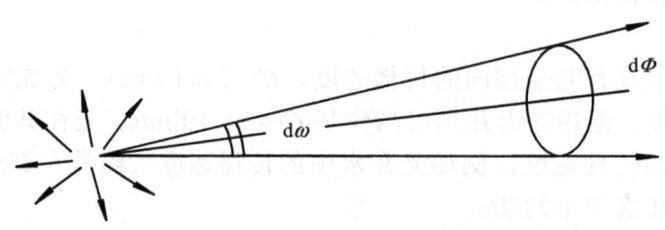

图2-2　电光源发光强度定义示意图

对于均匀发光的光源其 $I$ 为常数,此时有

$$I = \Phi/\omega$$

式中　$I$ ——发光强度(cd);
　　　$\Phi$ ——光通量(lm);
　　　$\omega$ ——立体角。

由于点光源周围整个空间的总立体角为 $4\pi$,故这种点光源向四周发出的总光通量为 $\Phi = 4\pi I$。发光强度的单位是基本计量单位之一,用坎德拉(cd)表示。1979 年第十六届国际度量衡会议规定,1 坎德拉是光源在给定方向上,在每球面立体角内发出 1/683=0.00145W 频率为 540×1012Hz 的单色辐射(即波长为 555nm 的单色光)通量时的发光强度。

**3. 照度**

照射到物体表面上的光通量,也就是照明物体的光通量,我们可利用它来观察物体表面,所以照度在目视检测中是个非常重要的概念。物体单位面积上所得到的光通量称为物体表面上的光照度,简称照度,定义示意见图 2-3。在均匀照明情况下,可用公式表示为:

$$E = \Phi/S$$

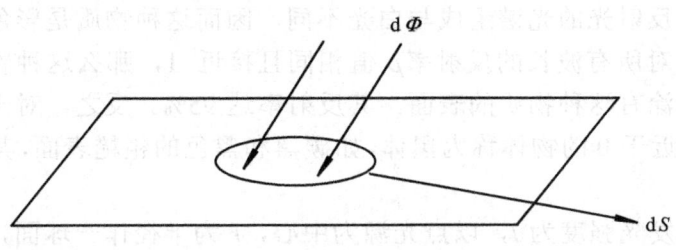

图2-3 照度定义示意图

式中 $E$ ——照度（lx）；
　　$\varPhi$ ——光通量（lm）；
　　$S$ ——面积（$m^2$）。

照度的单位是勒克斯，国际代号为lx，1勒克斯等于1 $m^2$ 面积上得到1 lm的光通量。即 1 lx=1 lm/$m^2$。表2-2列出了一些情况下所达到或所需要的光照度。

表 2-2　有关情况下的光照度　　　　　　　　　　（单位：lx）

| 晚间无月光时的光照度 | $3\times10^{-4}$ | 读书必须的光照度 | 50 |
|---|---|---|---|
| 月光下的光照度 | 0.2 | 精细工作时间所需的光照度 | 100～200 |
| 明朗夏天室内的光照度 | 100～500 | 摄影棚内所需的光照度 | 10,000 |
| 没有阳光时室外的光照度 | 1000～5000 | 判别方向必须的光照度 | 1 |
| 阳光直射时室外的光照度 | 100,000 | 眼睛能感受的最低光照度 | $1\times10^{-9}$ |

某一发光体表面上微小面积范围内所发出的光通量与这一面积之比称为这一微小面积上的光出射度。若为均匀发光表面发出的光通量为$\varPhi$，则

$$M=\varPhi/S$$

式中 $M$ ——发光体的光出射度（lx）；
　　$S$ ——发光体的表面积（$m^2$）；
　　$\varPhi$ ——发光体发出的光通量（lm）。

可见，光出射度与光照度有相同的形式。这表示两者有相同的含义，其差别仅在于光照度公式中的$\varPhi$是表面接收的光通量，而光出射度公式中的$\varPhi$是从表面发出的光通量。因此，光出射度的单位与光照度的单位一样，也为勒克斯。

除自身发光的光源之外，被照明的表面会反射或散射出入射在其表面上的光通量，称之为二次光源。二次光源的光出射度与受照的光照度之比称为表面的反射率。可表示为

$$\rho=M/E$$

式中 $\rho$ ——反射率；
　　$M$ ——二次光源的光出射度（lx）；
　　$E$ ——光照度（lx）。

大部分物体对光的反射都具有选择性，也就是说不同的色光具有不同的反射率。当

白光射于其上时，反射光的光谱组成与白光不同，因而这种物质是彩色的。如果某种物质在可见光范围内对所有波长的反射率 $\rho$ 值相同且接近 1，那么这种物质称为白体，如氧化镁、硫酸钡或涂有这种物质的表面，其反射率达 95%。反之，对于所有波长的反射率 $\rho$ 值都相同且接近于 0 的物体称为黑体，如碳黑和黑色的粗糙表面，其反射率仅为 1%。

4．照度定律

假使点光源的发光强度为 $I$，以点光源为中心，$r$ 为半径作一球面，那么球面上的照度为

$$E=\Phi/S=4\pi I/4\pi r^2 =I/r^2$$

所以用点光源照明时，假使光源的光度不变，垂直照射面上的照度跟它到光源的距离的平方成反比。这就是照度第一定律，也称为照度的平方反比定律。

光的平方反比定律只用于点光源。如果光源的尺寸比较大，甚至光源的尺寸大于光源到物体之间的距离时，照度并不因距离的改变而有多大的改变。光源尺寸不超过它到物体表面距离的 1/10 时，平方反比定律是比较正确的。

照度的大小还与受照面的法线和光线之间的夹角（也就是入射角）有关。如图 2-4 所示，$O$ 是点光源，$A_0$ 和 $A$ 是同一立体角内的两个截面，彼此成 $\theta$ 的交角。假设两个横截面积都很小，光源所发出的光对于 $A_0$ 截面可以认为均匀的垂直照射，对于 $A$ 截面的入射角就等于 $\theta$。用 $S_0$ 和 $S$ 分别代表 $A_0$ 和 $A$ 的面积，$E_0$ 和 $E$ 分别代表它们表面上的照度，$\Phi$ 代表通过它们的光通量，可以得到

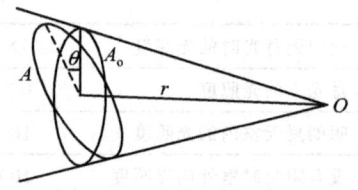

图2-4 光线的入射角

$$E_0=\Phi/S_0, \qquad E=\Phi/S$$

所以　　$E/E_0=S/S_0=\cos\theta$

或　　　$E=E_0\cos\theta$

这个公式说明物体表面上的照度跟光线入射角的余弦成正比。这就是照度的第二定律，也称为照度的余弦定律。

如果图 2-4 中 $O$ 点的点光源的发光强度为 $I$（cd），$O$ 点跟 $A$ 截面的距离为 $r$ 米可以求出 $A$ 截面上的照度

$$E=I\cos\theta/r^2$$

这是一个点光源对物体表面上的照度通式。表示点光源在很小面积上所产生的照度是光线与入射角的余弦成正比，跟光源到表面距离的平方成反比。如果物体的表面受到一个以上的光源照射时，它的照度就等于各个光源所产生照度的算术和。

例1：有一只路灯，它的发光强度为 $I$，装在电杆上的地方高出地面 $h$，求地面上离开电杆足 $l$ 处的照度。

解：通常情况下，把电灯等光源看作点光源，离地面上 $h$，则求照度处的距离 $r=\sqrt{l^2+h^2}$，光线入射角的余弦 $\cos\theta=h/\sqrt{l^2+h^2}$。

所以　　$E = I\cos\theta / r^2 = Ih/(l^2+h^2)^{3/2}$。

例2：有一等边三角形（图2-5）每边的长为 $l$，在三顶点各放一光度为 $I$ 的点光源。如果在三角形中心放一小平板，板面跟三角形的平面垂直而平行于一边，求证小平板两面的照度相等。

解：三角形各顶点到它中心的距离是 $r = 2\sqrt{l^2-(l/2)^2}/3 = \sqrt{3}\,l/3$

$A$ 点的点光源垂直照射小平板的一面，所以照度 $E_1 = I/r^2 = 3I/l^2$。

$B,C$ 两点的点光源对于小平板另一面的入射角为60°，所以照度 $E_2 = 2I\cos60°/r^2 = 3I/l^2$，所以 $E_1 = E_2$，因为小平板的面积很小，可以认为小平板跟三角形的边成任何角度时，两面上的照度相等。

5. 亮度

一个有限面积的光源，尽管在某一方向的发光强度与另一点光源在相同方向的发光强度相同，但是我们会明显地感觉到点光源更亮些。这表明仅用发光强度来表征光源的发光特征是不全面的。为了便于说明光源的表面部分辐射特性，必须了解亮度的概念。亮度是光源单位面积上的发光强度，其单位是 $cd/m^2$，即 $1m^2$ 均匀发光表面在其法线方向的发光强度为 $1cd$ 时的亮度。$cd/m^2$ 曾称为"尼特"，符号为 nt，但 CIPM 和 ISO 都已将其废除。

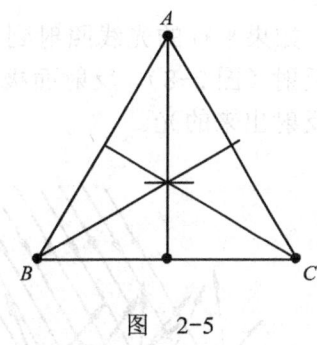

图 2-5

亮度的另一种单位是熙提，它是 $1cm^2$ 的均匀发光表面在其表面上发出 $1cd$ 发光强度时的亮度，即 1熙提=$1cd/cm^2$。

一般光源的亮度在不同辐射方向上有不同的值。也有一些光源，其亮度不随方向而改变，这种亮度为常数的光源称为朗伯光源。一般的漫射表面，如磨砂玻璃等漫透射表面和涂有氧化镁或硫酸钡的漫反射面等，经光源照明以后，其漫透射光和漫反射光都近似具有这种特性，是常被采用的朗伯光源。

### 2.1.4 光的反射

1. 光的反射和反射定律

当光线斜射到两种介质界面上时，光就分成两部分（图2-6），一部分在原来的介质里改变传播的方向，一部分进入另一介质，从界面开始改变传播的方向。前一种现象称为光的反射，后一种现象称为光的折射。光的反射和折射现象是在两种介质界面上同时存在的。为了便于表述这些现象，我们首先引入以下几个名词。

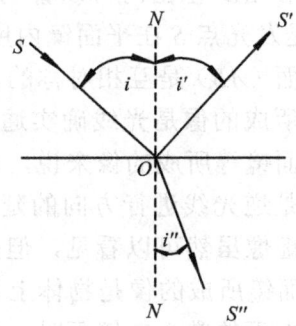

图2-6　光的反射

如图2-6所示，入射光线 $SO$ 和介质分界面的法线 $NO$ 间的夹角 $\angle SON=i$ 称为入射角；反射光线 $OS'$ 和法线 $NO$ 间的夹角 $\angle NOS'=i'$ 称为反射角；折射光线 $OS''$ 和法线之间的夹角 $\angle NOS''=i''$，称为折射角；入射光线和法线构成的平面称为入射面。

反射定律可表述为：反射光线位于入射面内，反射角等于入射角。

如果光线逆着原来反射线的方向（沿 $S'O$ 方向）照射到界面，它就逆着原来入射线的方向（沿 $OS$ 方向）反射。这个现象就是光路的可逆性。根据光的反射定律很容易证明这一点。

由于反射面的性质不同。有两种不同的反射现象。如果物体的表面粗糙，各点的法线不平行，即使入射线是平行的，反射时并不能沿单一方向，这种现象叫做漫反射（图 2-7）。由于物体表面的漫反射，我们就能看见本身不发光的物体，并且能从各个方向看见它。

如果平行的光线照射到光滑物体的表面，反射后仍然是平行光线，叫做单向反射或正反射（图 2-8）。反射面极光滑时，我们只能在一定方向上看到由单向反射所造成的像或反射出来的光。

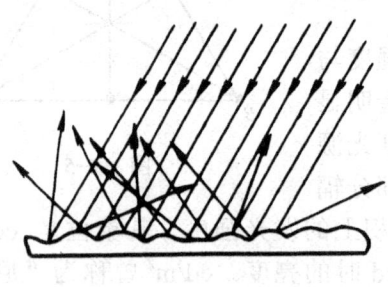

图2-7 光的漫反射

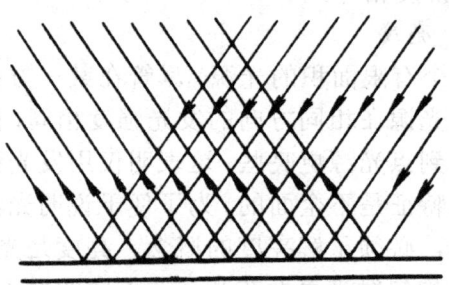

图2-8 光的单向反射

### 2. 平面镜

平面镜即平面反射镜，我们日常生活中使用的镜子就是平面镜。由平面镜反射后所造像的性质，可根据光的反射定律来确定。如假设 $S$ 为平面镜 $AB$ 前的一发光点，$SA$ 和 $SB$ 表示两条入射线，它们在镜面上反射后分别沿 $AC$ 和 $BD$ 两直线传播（图2-9），在 $AC$ 和 $BD$ 范围内可以看到光线好像从 $S'$ 所发出的一样。$S'$是发光点 $S$ 在平面镜内所造的像，$S'$和 $S$ 对于平面镜的平面（$AB$）是互相对称的。它跟针孔所成的像不同，针孔等所成的像是光线确实通过像点的像，叫做实像。对于平面镜等所成的像来说，光线实际上没有通过像点，它不过是逆光线进行方向的延长线通过像点的像，叫做虚像。虚像虽然可以看见，但是它不能跟实像一样在屏幕上显示出来。

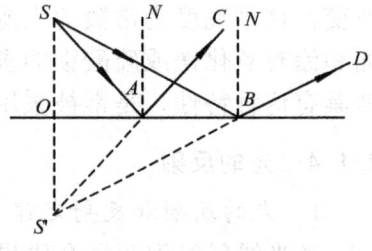

图2-9 平面镜成像

平面镜所成的像是物体上各点成像的结合。像的性质很容易确定。虚像和物体对称。例如用右手的掌心向镜面时，所造像跟左手对右手时一样，上下虽不颠倒，左右却调换了。

平面镜在控制光路方面有极广泛的应用。光路的控制就是利用一些基本的光学设备来改变光线的传播方向，使它适合各种需要。如图 2-10a，光线垂直照射到平面镜上，可使光逆着原来的入射方向反射。图 2-10b 表示入射角等于 45°时，反射角也等于 45°，利用这一性质，可使水平方向的入射光线经平面镜反射后变为垂直方向的反射，或者垂直方向的入射变为水平方向的反射。图 2-10c 中两平面镜相互平行，可使入射光与反射光平行且方向相同，目的在于使光线避过障碍物而继续前进。图 2-10d 中，两平面镜相互垂直时，反射光与入射光平行而方向相反。图 2-10e 中，光线经过两次成 $\theta$ 交角的平面镜反射后，出射线跟入射线的交角是 $2\theta$，这是工程光学仪器中常用的装置。

例：一平行光线的光源 $S$ 垂直方向将光线射向平面镜，平面镜距光源 $h=2$m，如将平面镜转动 $\theta=5°$ 角，求所得像离光源的距离（$SA$）。（图 2-11）

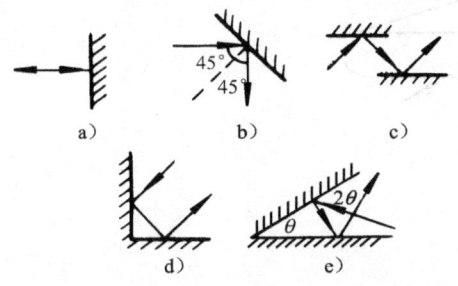

图 2-10 不同角度组成平面镜系统的光路

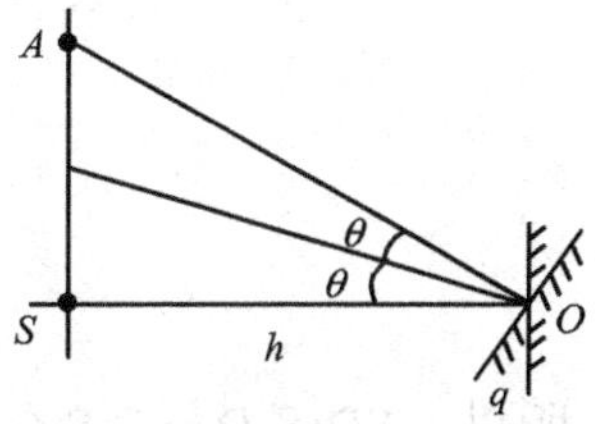

图 2-11

解：最初光线沿 $SO$ 方向垂直投射到平面镜时，一定逆着 $SO$ 方向反射回来，成像在发光点 $S$ 处。当平面镜转动 $\theta$ 角后，光线沿 $OA$ 方向反射，成像在 $A$ 点。在直角三角形 $SOA$ 中，$\angle SOA=2\theta$，

所以 $SA=h\times\tan 2\theta=2\times\tan(2\times 5)$ m $= 0.35$m

**\*3. 凹面镜**

镜的反射面如果是球面的一部分，这种镜叫做球面镜。反射面是球面的凹面的叫做凹面镜；反射面是球面的凸面的叫凸面镜。镜面上的中心点 $O$ 叫做镜的顶点，球面的球心 $C$ 叫做镜的曲率中心，球面的半径 $R$ 叫做镜面的曲率半径。通过顶点和曲率中心的直线叫做主轴，只通过曲率中心而不通过顶点的直线叫做副轴。

凹面镜有会聚光线的作用，平行于主轴并且接近主轴的光线，反射后会交于镜面前主轴上的一点 $F$，叫做实主焦点。主焦点到顶点的距离叫做主焦距 $f$。主焦距约等于曲率半径的一半，$f\approx R/2$。

如图 2-12 所示，$SD$ 为入射线，$DF$ 为反射线，$DC$ 就是 $D$ 点的法线。因为 $\angle SDC=\angle FDC=\angle DCF$，所以 $CF=DF$。当 $SD$ 接近主轴时 $FO\approx DF$，即 $FO=FC=OC/2$，也就是 $f\approx R/2$。

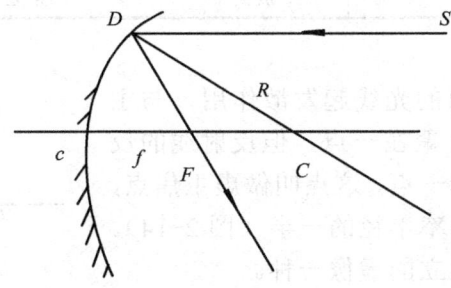

图 2-12 凹面镜成像

当物体放在主轴上一点，所成的像一定也在主轴上的一点，因为主轴可认为是光的入射线，同时也可认为是光的反射线。利用这个关系，可以推导出凹面镜公式。图 2-13 中，$S$ 为发光点，$S_1$ 为像点，$CD$ 为 $\triangle SDS_1$ 内 $\angle SDS_1$ 角平分线。

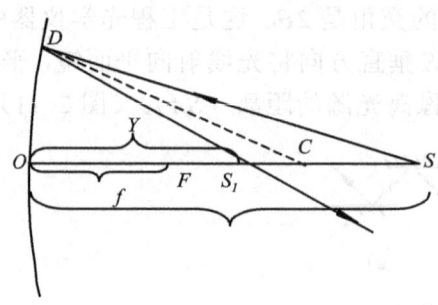

图 2-13

所以　　$SD:S_1D=SC:S_1C$

当 $\angle DSO$ 极小时，上式可为 $SO:S_1O=SC:S_1C$

设物像距 $U=SO$，像距 $V=S_1O$，焦距 $f=FO$

$U:V=(U-2f):(2f-V)$

化简后得　　　　$1/U+1/V=1/f$

这就是凹面镜成像公式。

凹面镜所成的像因物距的不同而不同。当物距处于凹面镜曲率中心之外时，所造成的像在曲率中心和焦点之间，是一倒立缩小的实像。当物体处于凹面镜的焦点内，所造成的像在镜内（在镜内可以看见），是一正立放大的虚像。物体在不同位置时成像情况见表 2-3。

表 2-3　物体在不同位置时成像情况

| 物体位置 | 像的位置 | 像的大小 | 像的正倒 | 像的虚实 |
| --- | --- | --- | --- | --- |
| $U=\infty$ | $V=f$ | 缩成点 | 倒立 | 实像 |
| $U>R$ | $f<V<R$ | 缩小 | 倒立 | 实像 |
| $U=R$ | $V=R$ | 同大 | 倒立 | 实像 |
| $R>U>f$ | $V>R$ | 放大 | 倒立 | 实像 |
| $U=f$ | 不成像 | — | — | — |
| $U<f$ | $V>f$ | 放大 | 正立 | 虚像 |

*4. 凸面镜

凸面镜对于照射到镜面的光线起发散作用，与主轴平行的光线反射后不能会聚在一点，但反射线的反向延长线可会聚于主轴上的一点，这点叫做虚主焦点，焦点距顶点的距离仍然是曲率半径的一半（图 2-14）。凸面镜所成的像只有缩小正立的虚像一种。

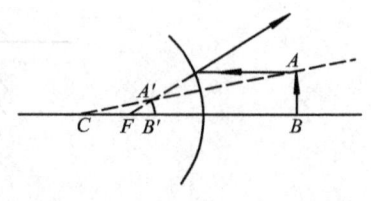

图 2-14　凹面镜成像

## 2.1.5 光的折射

**1. 光的折射和折射定律**

当光从一种介质斜射入另一种介质时,它的传播方向总要发生改变,这种现象称为光的折射。光的折射现象经常可以看到,例如玻璃杆斜插入水中,可以看出水面上下的两部分好像折成两段(图2-15)。

折射定律可表述为:折射光线位于折射面内,入射角的正弦和折射角的正弦之比,对于一定的两种介质来说是一个和入射角无关的常数。

$$\sin i / \sin i' = n_{1,2}$$

折射线跟入射线的延长线的交角,称为折射时的偏向角 $\delta$。偏向角 $\delta$ 等于入射角 $i$ 和折射角 $i''$ 的差(图2-16)。入射角越小,偏向角越小,入射角等于零,偏向角也等于零。就是说当光线垂直入射时,进入另一介质的光线并不改变它原来的方向。

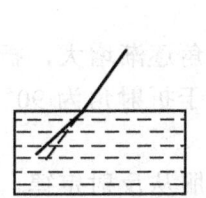

图2-15 光的折射现象

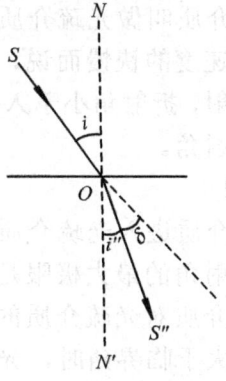

图 2-16

在光的折射现象中,同样存在光路的可逆性,当光线逆着折射线($S''O$)的方向射到界面时,一定会逆着原来入射线($OS$)方向折射。

**2. 折射率**

如果一束光线斜射到两介质的分界面 $P$ 上(图2-17)所示。所有的光线具有相同的入射角 $i$,通过平面 $P$ 折射后,按折射定律,所有折射光线显然具有相同的折射角 $i'$。因此,仍为一平行光束。与平行光束相垂直的入射波波面和折射波波面应该是两个平面。

假定某一瞬间波面的位置为 $OQ$,经过时间 $t$ 后,光波传播到达的波面位置为 $O'Q'$。设光在两个介质中的传播速度分别为 $v_1$ 和 $v_2$,由图可得

$$QQ' = v_1 t; \quad OO' = v_2 t$$

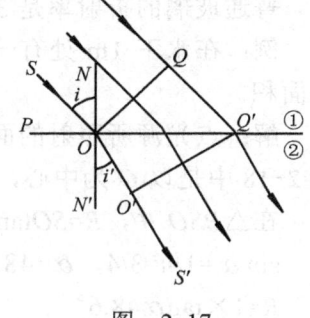

图 2-17

由于波面 $OQ$ 垂直于光线 $SO$,分界面 $P$ 垂直于法线 $ON$。因此,$\angle QOQ' = \angle SON = i$;同理 $\angle O'Q'O = \angle S'ON' = I'$,根据 $\triangle OQQ'$ 和 $\triangle OQ'O'$ 得,

$$\sin i = QQ'/OQ'; \quad \sin i' = OO'/OQ'$$

由上二式相除消去 $OO'$ 得

$$\sin i/\sin i' = QQ'/OO' = n_{1.2}$$

将前面 $QQ'=v_1 t$；$OO'=v_2 t$ 的关系代入上式，并消去 $t$ 得

$$\sin i/\sin i' = v_1/v_2 = n_{1.2}$$

由此可见，第二种介质对第一种介质的折射率 $n_{1.2}$ 是第一种介质的光速 $V_1$ 与第二种介质的光速 $V_2$ 之比。这就是折射率和光速之间的关系。对于一定的介质，光速是不变的，因此，两种一定的介质对应的折射率应为不变的常数。实际上也就证明了折射定律的成立。

通常把一种介质对于另一种介质的折射率称为"相对折射率"，而把介质对真空的折射率称为"绝对折射率"。由于光在空气中的传播速度和真空中的传播速度相差极小，通常把空气的绝对折射率取作 1，而把介质对空气的折射率作为"绝对折射率"。

传光快的介质叫做光疏介质，传光慢的介质叫做光密介质。光密和光疏是相对的，完全是对传光速度的快慢而说，并非由介质密度决定。光从光疏介质进入光密介质时要向法线方向折射，折射角小于入射角；光从光密介质进入光疏介质时要离法线方向折射，折射角大于入射角。

3. 全反射

光从光密介质进入光疏介质时要离开法线折射，入射角逐渐增大，折射角也将逐渐增大。但是折射角的最大极限是 90°，不可能再增大。对于折射角为 90° 时，对应的入射角叫做光密介质对光疏介质的临界角。

当入射角大于临界角时，光线不能进入光疏介质，它服从反射定律，这种现象叫做全反射。如果介质对于真空的临界角是 $\alpha$，折射角 $\beta=90°$，它的绝对折射率为 $n$，根据折射定律

$$\sin\alpha/\sin\beta = 1/n; \quad \sin\alpha = 1/n$$

普通玻璃的折射率是 3/2，水的折射率是 4/3，相应的临界角分别是 42° 和 49°。

例：在水下 1m 处有一点光源，求这点光源所能照耀水面的面积。

解：点光源所照射的面积是光线所能透出水面的部分，在图 2-18 中是以 $O$ 为中心，$R$ 为半径的圆的面积。

在 $\triangle PSO$ 中，$R=SO\tan\alpha$

$\sin\alpha = 1/n = 3/4$，$\alpha = 48.6°$

$R = 1 \times \tan\alpha\ 48.6°$

圆的面积 $A = \pi R^2 = 4.04 \text{m}^2$

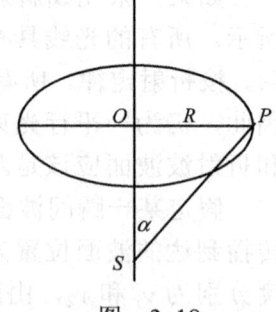

图 2-18

*4. 棱镜

透明体的各平面相交而成棱柱形的叫做棱镜。与棱镜各棱垂直的横截面叫做棱镜的主截面。通常所见的主截面为三角形的棱镜叫做三棱镜。

（1）全反射棱镜 主截面为等腰三角形的棱镜叫做全反射棱镜。因为玻璃的临界角是 35°～42°，全反射棱镜的角度分别是 45° 和 90°，棱镜内的光线容易起全反射作用。

在控制光路时用全反射棱镜比用平面镜好,因为平面镜对入射光线不可能百分之百反射,棱镜全反射才是将全部光线反射,并且平面镜所涂的水银层时间一久容易失去光泽使反射作用减弱,而棱镜没有这种缺点。

当光线垂直地照射到全反射棱镜一个直角面,如图 2-19 所示,其进入棱镜后对斜面的入射角为 45°,大于临界角,发生全反射,而从另一个直角面垂直射出,射出光线对入射光线而言改变了 90° 角,像与物体或上下颠倒或左右调换。

如果光线垂直地从斜面入射进棱镜,经过两直角面的两次全反射,最后光线改变 180° 角从斜面射出,像与物体的上下方向是颠倒的,如图 2-20 所示。

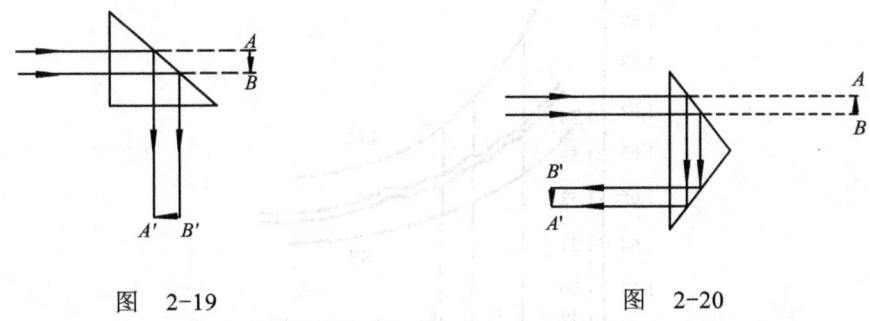

图 2-19  图 2-20

（2）折射棱镜 折射棱镜与反射棱镜不同,它利用表面对光线的折射作用,使出射光线相对于原来的方向发生一定的偏折。它由两个夹一定角度的折射平面构成,这一夹角叫做折射角。

图 2-21 画出了主截面内光线经棱镜两个折射面折射后的情况,其中出射光线相对于入射光线偏转的角度 $\delta$ 称为偏角。由折射定律可以得出,光线经棱镜折射后的偏角 $\delta$ 是光线入射角 $I_1$、棱镜折射角 $\alpha$ 和折射率 $n$ 的函数。折射角越小,光线通过棱镜时的偏角越小,当棱镜一定,即 $\alpha$ 和 $n$ 一定时,$\delta$ 仅随 $I_1$ 而变。

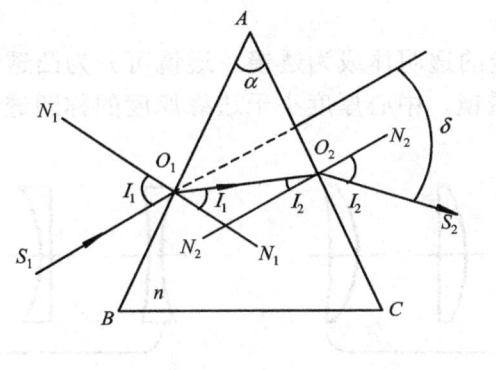

图 2-21

（3）光的色散 折射率是表征介质特性的一个重要量值。但是,介质的折射率只是对单一波长的光而言的,而波长反映了光的一种颜色。实际上最常用的是白光的成像,白光是各种不同波长色光的复合光。除真空之外,任何透明介质对不同波长的色光具有不同的折射率，只是随介质的不同，其折射率随波长而变的程度不同而已。图 2-22 即为两种光学玻璃折射率随波长而变化的曲线，这种曲线称为色散曲线。从图中我们可以得出介质的折射率随波长的变短而增大，尤其是短波长部分，折射率增加的更快。

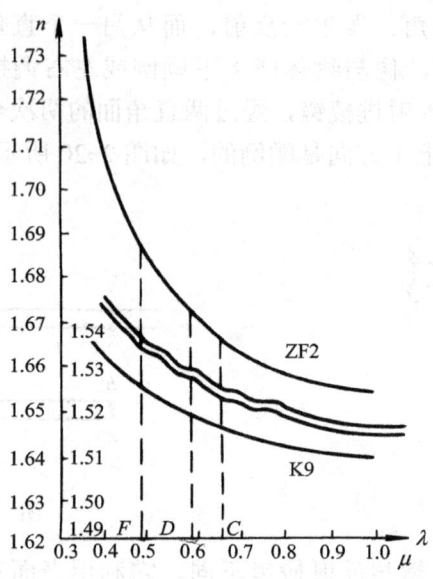

图 2-22 色散曲线

如果入射于折射棱镜的是白光，由于棱镜对不同色光具有不同的折射率，各色光经折射后的折射角将不同，经整个棱镜后的偏角也随之不等。因此，白光经棱镜折射后将分解成各种色光而呈现出一片按顺序排列的颜色，这种现象称为色散。由于红光的波长长，折射率小，产生较小的偏角，紫光的波长短，折射率大，产生较大的偏角，这样白光经折射三棱镜后，形成按红、橙、黄、绿、青、蓝、紫顺序排列的连续光谱。

5. 透镜

由两个折射面所限定的透明体成为透镜。透镜可分为凸透镜和凹透镜两类，中心厚度大于边缘厚度的称凸透镜，中心厚度小于边缘厚度的称凹透镜，如图 2-23 所示。

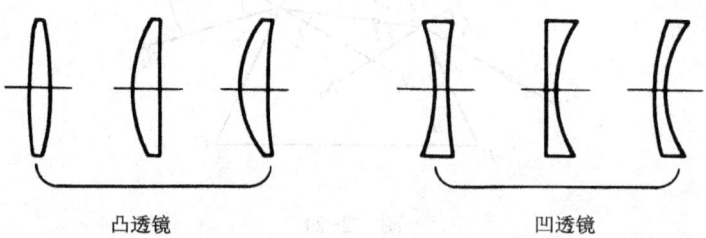

图 2-23 透镜示意图

（1）凸透镜成像　透镜在光学仪器中的重要性胜过球面镜，透镜成像的原因和球面镜成像的原因完全不同，前者是由于折射，后者是由于反射，但所成的像有类似的性质。凸透镜具有会聚光线的性能，也叫做会聚透镜。透镜成像的作图法有三条原则可以遵循：① 平行于主轴的光线，折射后通过主焦点；② 通过主焦点的光线，折射后与主轴平行；③ 通过光心的光线，按原方向传播不发生偏折。

图 2-24 表示物体放在凸透镜的两倍焦距外时所成像为实像，图 2-25 表示物体放在凸透镜的焦点内时所成像为虚像。

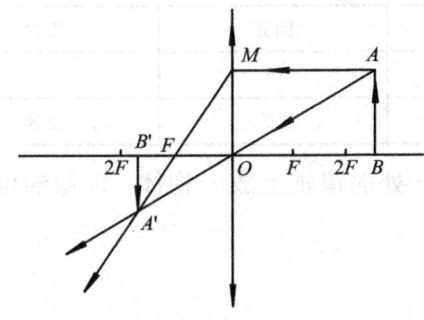

图　2-24

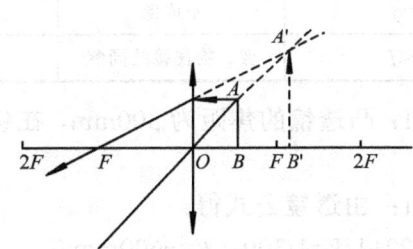

图　2-25

图 2-24 表示物体放在凸透镜的两倍焦距外时所造成的实像。由图可知

$\triangle AOB \sim \triangle A'OB'$，得 $AB : A'B' = BO : B'O$

$\triangle MOF \sim \triangle A'B'F$，得 $MO : A'B' = OF : B'F$

因为 $MO=AB$，所以 $BO : B'O = OF : B'F$

$BO$ 为物距用 $U$ 表示，$B'O$ 为像距用 $V$ 表示，$OF$ 为焦距用 $f$ 表示，$B'F=V-f$，代入 $BO : B'O = OF : B'F$ 得

$U : V = f : (V-f)$ 简化后得

$1/U + 1/V = 1/f$

这就是凸透镜公式，形式跟球面镜公式一样。凸透镜的焦点是实焦点，因此它的焦距 $f$ 为正值，实像时 $V$ 为正值，虚像时 $V$ 为负值。

如果设物体和第一焦点间的距离为 $X$，像和第二焦点间的距离为 $X'$，那么

$U=X+f$，$V=X'+f$，代入 $1/U+1/V=1/f$ 公式得

$1/(X+f) + 1/(X'+f) = 1/f$ 化简后得

$XX' = f^2$

这就是牛顿式的薄透镜公式。正负号是这样规定的：物体在第一焦点外时，$X$ 为正；在第一焦点内时，$X$ 为负。像在第二焦点外时，$X'$ 为正；在第二焦点内时，$X'$ 为负。

在图 2-24 中，物体 $AB$ 的长用 $L_0$ 表示，物距 $BO$ 用 $U$ 表示，像 $A'B'$ 的长用 $L_1$ 表示，像距 $B'O$ 用 $V$ 表示，由于 $\triangle AOB \sim \triangle A'OB'$，所以

$M = L_1/L_0 = V/U$

$M$ 为长度放大率，即像长与物长的比值，它等于像距与物距的比。

物体处在不同位置时，凸透镜成像情况见表 2-4。

表 2-4 凸透镜成像

| 物体位置 | 像的位置 | 像的大小 | 像的正倒 | 像的虚实 |
| --- | --- | --- | --- | --- |
| $U=\infty$ | $V=f$ | 缩成极小 | 倒立 | 实像 |
| $U>2f$ | $f<V<2f$ | 缩小 | 倒立 | 实像 |
| $U=2f$ | $V=2f$ | 等大 | 倒立 | 实像 |
| $2f>U>f$ | $V>2f$ | 放大 | 倒立 | 实像 |
| $U=f$ | 不成像 | — | — | — |
| $U<f$ | 像、物在镜的同侧 | 放大 | 正立 | 虚像 |

例1：凸透镜的焦距为 300mm，在镜前 200mm 处的镜轴上放一物体，求像的位置和性质。

解1：由透镜公式得：

$1/200+1/V=1/300$，$V=-600$mm

所以，在距离透镜 600mm 处造成一放大正立的虚像。

解2：用牛顿式的薄透镜公式

$$X=200-300=-100$$

$$-100X'=300^2, \quad X'=-900 \text{ mm}$$

$$V=X'+f=-900+300=-600 \text{ mm}$$

例2：长 9mm 的物体，由凸透镜造成的像长 12mm，已知透镜的焦距为 400mm，求物距。

解：$M=L_1/L_0=12/9=4/3$

$M=V/U$，$V=M\times U=4/3\times U$

由透镜公式 $1/U+1/V=1/f$ 得

$1/U+3/4U=1/400$，$U=700$mm

例3：长 20mm 的物体，放在像屏前 800mm 处，在两者之间放入焦距为 150mm 的凸透镜，移动凸透镜可在像屏上显出两个不同的像来，求两次透镜的位置和像长。

解：$1/U+1/V=1/f$，$1/U+1/(800-U)=1/150$，$U^2-800U+120000=0$

$U=200$mm 或 600mm

当 $U=200$mm 时，$L_1=L_0\times V/U=20\times 600/200=60$mm，即放大倒立的实像

当 $U=600$mm 时，$L_1=20\times 200/600=6.7$mm，即缩小倒立的实像

（2）凹透镜成像 凹透镜是发散透镜，物体所发的光通过凹透镜后不能会聚，物体放在任何位置，通过凹透镜后一定造成一个缩小而正立的虚像。我们可以用作图的方法来加以理解，如图 2-26 所示。

透镜公式 $1/U+1/V=1/f$，同样适用于凹透镜，但由于凹透镜焦点为虚焦点故 $f$ 用负

值。

透镜公式 $1/U+1/V=1/f$ 不但适用于凹透镜和凸透镜，同样也适用于凹面镜和凸面镜。无论球面镜还是透镜，凡是具有实焦点的 $f$ 都是正值，凡是具有虚焦点的 $f$ 都是负值；实物体的物距 $U$ 为正，虚物体的物距 $U$ 为负；成实像时像距 $V$ 为正，成虚像时像距 $V$ 为负。应该注意，球面镜是由反射作用成像，成实像时，像和物体在镜的同侧；成虚像时，像在镜内可以看到，像和物体在镜的两侧。透镜成像是由于折射作用，像和物体是在镜的同侧还是在另一侧跟球面镜的情况刚好相反。

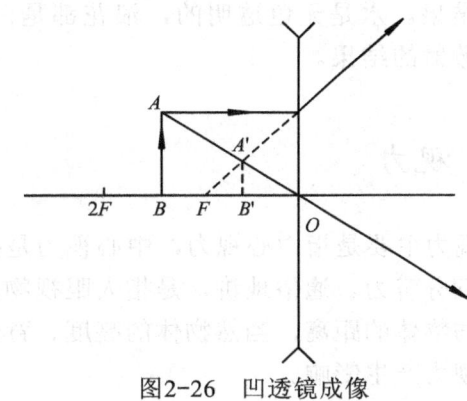

图2-26 凹透镜成像

### 2.1.6 光的吸收和散射

**1. 光的吸收**

介质对光的吸收和散射，都是分子尺度上光与物质的相互作用，除了真空，无一介质对光波或电磁波是绝对透明的。光的强度随传播距离的增加而减少的现象，称为介质对光的吸收，被吸收的光能量被转化为介质的热能或内能。

光线经历单位长度后所导致的光强减少的百分比，称为吸收系数，即

$$\alpha = (I_1 - I_2) / (I_1 \times \Delta X)$$

式中　$\alpha$ —— 吸收系数（$m^{-1}$）；
　　　$I_1$ —— 起点光强（lm）；
　　　$I_2$ —— 经过一端距离后的光强（lm）；
　　　$\Delta X$ —— 光经过的路程（m）。

大量实验表明，在相当宽的光强范围内，$\alpha$ 保持为一常数，即吸收系数与光强无关，这被称为线性吸收规律。当然，不同介质有不同的吸收系数。例如，在可见光范围内纯净水的吸收系数约为 $0.02 m^{-1}$，这相当于光在水中传播 50m 后，其光强仅减小为原光强的三分之一。各种无色玻璃的吸收系数大体在 $0.05 m^{-1}$ 至 $0.15 m^{-1}$ 之间，于是通过 5mm 厚的玻璃层后光因吸收而导致的强度减弱约为 0.05%，这里没有考虑玻璃表面对光的反射损耗。

**2. 光的散射**

介质的不均匀性将导致光的散射，它将定向入射的光强散射到其他方向，从而也造成定向光强随传播而减小。

当一光束通过均匀透明介质，比如玻璃或水时，人们从侧面是难以看到光束的。如果透明介质不均匀，比如其中悬浮大量微粒的浑浊液体，我们便可以在侧面清晰的看到光束的径迹。投照灯射向天空时我们看到一条光束，这是光束经大量空气中的微

粒散射所致。散射在日常生活中非常常见，蓝天、白云、红太阳，这是大气对阳光散射的结果。水是无色透明的，浪花都是白色的，这是浪花中大量且紊乱的微小水珠对阳光散射的结果。

## 2.2 视力

视力主要是指中心视力，中心视力是指视网膜黄斑中心凹的视觉敏锐度，即对物体的精细分辨力。通俗地讲，是指人眼视物的能力。决定视力的主要因素是物体的大小和眼睛与物体的距离，当然物体的亮度、背景、对比度、颜色，人的年龄、精神状态等都会对视力产生影响。

### 2.2.1 人眼解剖学与生理学特点及图像形成

目视检测就是人眼或人眼配合光学仪器，对工件进行表面检测，因此了解人眼的构造是非常重要的。

1. 人眼的构造

人的眼睛相当于一个光学仪器，它的内部构造如图 2-27 所示。

（1）角膜　它是由角质构成的透明球面薄膜，非常薄，厚度仅为 0.55mm，折射率为 1.3771，外界光线进入人的眼睛首先要通过它。

（2）前室　角膜后面的一部分空间，充满了折射率为 1.3374 的透明的水状液。

（3）虹膜　位于前室后面，中间有一个圆孔，称为瞳孔，它是一个能自动调节的可变光阑，调节进入眼睛的光束口径，可随景物的亮暗随时进行大小的调节。一般人眼在白天光线较强时，瞳孔缩到 2mm 左右，夜晚光线较暗时，可放大到 8mm 左右。

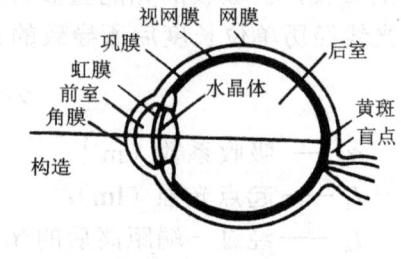

图2-27　人眼构造

（4）水晶体　它是由多层薄膜组成的双凸透镜，中间硬，外层软，且各层的折射率不同，中心为 1.42，最外层为 1.373。自然状态下其前表面半径为 10.2mm，后表面半径为 6mm。水晶体周围肌肉的紧张和松弛可改变前表面的曲率半径，从而使水晶体焦距发生变化。

（5）后室　在水晶体后的空间为后室，里面充满了蛋白状液体，叫做玻璃液，折射率为 1.336。

（6）视网膜　后室的内壁为一层由视神经细胞和神经纤维构成的膜，称为视网膜，它是眼睛中的感光部分。

（7）黄斑　正对瞳孔的一部分视网膜，呈黄色称为黄斑，其水平方向的大小约为 1mm，垂直方向约为 0.8mm，黄斑上有不大的凹部，直径约为 0.25mm，称为中心凹，是视网膜中感光最敏感的部分。

（8）盲点　神经纤维的出口，没有感光的细胞，所以不能产生视觉称为盲点。用图 2-28 做一个简单的实验便可知道盲点的存在。闭合右眼，用左眼注视图中的"○"，前后移动图纸，大约在离眼 250mm 处，只看到图中的圆形而不见十字，说明此位置上十字的像正好落在盲点上。

图2-28　视觉函数曲线

从光学的角度看，眼睛中最主要的三件东西是：水晶体、视网膜和瞳孔。眼睛和照相机很相似，如果对应起来看：

人眼——照相机；

水晶体——镜头；

视网膜——底片。

照相机中，正立的人在底片上成倒立像，人眼也是成倒像，但我们没有感觉眼睛看到的物体是倒立的，这是神经系统内部作用的结果。

眼睛的视场很大，可达 150°，但是只有黄斑的中心凹处附近才能看清物体，眼珠可以自由转动，把黄斑中心凹和眼睛光学系统的连线称为视轴，在视轴周围 6°～8°的范围内能够清晰识物。

2. 图像形成

（1）眼睛的调节　我们观察某一物体时，物体经过眼睛在视网膜上形成一个清晰的像，视神经细胞受到光的刺激引起视觉，我们就能看清物体。眼睛能够清晰地看见不同距离的物体，这种能力称为调节。正常人的眼睛在完全松弛的情况下，能看清无限远的物体。在观察近距离的物体时，眼睛的水晶体肌肉收缩使水晶体前表面半径变小，后焦点前移，同样也能看清物体。实际上，人眼能看清的物体范围是有限的，这个范围称为调节范围。

正常人眼从无限远到 250mm 之内，可以轻松地调节，我们把眼睛中水晶体肌肉完全放松状态下所能看清的点称为明视远点；把眼睛中水晶体肌肉处于最紧张状态下所能看清的点称为明视近点。最适宜观察和阅读的距离为 250mm，我们能在这个距离上长时间工作而不感到疲劳，这个距离称为明视距离。

正常人眼的明视远点是在无穷远处，而明视近点在 100mm 左右。这个数值和人们的年龄有关。年龄越大，调节范围越小，表 2-5 列出了不同年龄段正常人眼的调节能力。

表 2-5　正常人眼在不同年龄段时的调节能力和范围

| 年龄/岁 | 明视近点/mm | 明视远点/mm | 年龄/岁 | 明视近点/mm | 明视远点/mm |
| --- | --- | --- | --- | --- | --- |
| 10 | 71 | ∞ | 40 | 222 | ∞ |
| 20 | 100 | ∞ | 50 | 400 | ∞ |
| 30 | 143 | ∞ | 60 | 2000 | 2000 |

（2）眼睛的适应　人眼除了能看清不同距离的物体外，还能在不同亮暗条件下工作。眼睛所能感受的光亮度变化的范围是很大的，可达到 $10^{12}:1$。这是因为眼睛对不同的亮暗具有适应能力。可分为暗适应和亮适应两种，暗适应是指从亮处到暗处，瞳孔逐渐变大使进入眼睛的光亮逐渐增加，暗适应逐渐完成。此时，眼睛的敏感度大大提高。在暗处停留的时间越长，暗适应能力越好，对光的敏感度也越高。但是经过大约 50～60 分钟后，敏感度到达极限值。人眼能感受到的最低照度值称为绝对暗阈值，约为 $10^{-9}$lx。它相当于蜡烛在 30 公里远处产生的照度，也就是说当忽略大气的吸收和散射时，眼睛能感受到 30 公里远处的烛光。

同样，当从暗处进入亮处时，也不能立即适应，要产生眩目现象。但亮适应的过程很快，一般几分种即可完成。

（3）人眼的分辨率　眼睛具有分开很靠近的两相邻点的能力，这称为眼睛的分辨率。如果两物点相距太近，在视网膜上所成的两像点将落在同一视神经细胞上，视神经将无法分辨两点而把两点看成一点。当我们用眼睛观察物体时，一般用两点间对人眼的张角（视角）来表示人眼的分辨率。

实验证明，在良好的照度条件下，人眼能分辨的最小视角为 1'。要使观察不太费劲，视角需 2'至 4'。

眼睛的分辨率随被观察物体的亮度和对比度不同而不同。当对比度一定时，亮度越大则分辨率越高；当亮度一定时，对比度越大则分辨率越高。同时，照明光的光谱成分也是影响分辨率的一个重要因素。由于眼睛有较大的色差，单色光的分辨率要比白光高，并以 555nm 的黄光为最高。

## 2.2.2　人眼看清物体的条件

### 1. 视场

眼睛固定注视一点或借助光学仪器注视一点时所能看到的空间范围，称为视场。眼睛能看见的空间范围比视场大。但是，并不是视场内的物体我们都能看得很清楚，物体的像要落在视网膜上，并且要落在黄斑中央的中心凹处，才能看清物体，这是我们看清楚物体的第一条件。

### 2. 照度

瞳孔可以自动调节进入人眼中的光通量，光强的时候瞳孔缩小，光弱的时候瞳孔放大。瞳孔的调节范围一般在 2mm 至 8mm 之间，调节的范围就光通量可能通过的面积来说，相差不过 16 倍，而光的亮度变化可以在 10 万倍左右。所以看清楚物体应该具有一定的照度，这是我们看清楚物体的第二个条件。

### 3. 视角

当我们观察细小的物体时由于受到眼睛分辨率的影响，前面讨论过人眼能分辨的最小视角为 1'，这就是看清楚物体的第三个条件：视角不能小于 1'。

物体的视角大小不仅与物体的大小有关，同时还与物体的位置有关。当一定大小的物体向人眼移动时，其视角是增大的，但不能超过人眼的明视近点。如果在近点处观察细小的物体，其视角仍小于 1'，则要借助放大镜或显微镜，将细小的物体放大后进行观察。

## *2.2.3 光强与颜色的观察及其分辨力

外界物体通过眼睛成像在视网膜上，刺激视神经细胞引起视觉。由于刺激的强度不同，从而产生亮暗的感觉，我们把刺激强度称为主观光亮度。根据视网膜上成像情况不同，我们将外界物体分为两类。第一类，假定物体对人眼的视角很小，在视网膜上成的像小于一个视神经细胞的直径，这种物体称为发光点；第二类，物体比较大，在视网膜上所成的像具有较大的面积，这种发光体称为发光面。在发光点的情况下，刺激强度与光源的发光强度和瞳孔直径的平方成正比，而与光源到眼睛的距离平方成反比。如果在晚上观察两个距离不同但发光强度相同的电灯时，你会明显感觉到距离远的暗，距离近的亮。在发光面的情况下，人眼被刺激的强度与物体的光亮度和瞳孔直径的平方成正比，而与物体的距离无关，也就是说不论两物体的距离如何，感觉明亮的发光面的光亮度就一定大。

### *1. 人眼的视觉函数

当人眼从某一方向观察一个发光体时，人眼视觉的强弱不仅取决于发光体在该方向上的辐射强度，同时还与辐射的波长有关。在可见光范围内，人眼对不同波长光的视觉敏感度是不一样的，人眼对黄绿光最敏感，对红光和紫光较差，对可见光以外的红外线和紫外线，则全无视觉反应。为了表示人眼对不同波长辐射的敏感度差别，定义了一个函数 $V(\lambda)$，称为"视觉函数"（光谱光视效率）。

把对人眼最敏感的波长 $\lambda=555nm$ 的视觉函数规定为 1，即 $V(555)=1$，假定人眼同时观察两个处于相同距离上的发光体 $A$ 和 $B$，这两个发光体在观察方向上的辐射强度相等，$A$ 发光体的波长为 $\lambda$，$B$ 发光体波长为 555，人眼对 $A$ 的视觉强度与人眼对 $B$ 的视觉强度之比，作为 $\lambda$ 波长的视觉函数 $V(\lambda)$，显然 $V(\lambda) \leq 1$。

不同人在不同观察条件下，视觉函数略有差别，为统一起见，1971 年国际光照委员会（CIE）在大量测定的基础上规定了视觉函数的国际标准，表 2-6 为明视觉视见函数的国际标准。图 2-29 为相应的函数曲线。

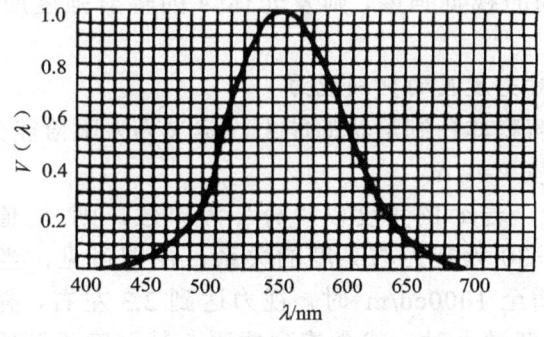

图2-29 视觉函数曲线

表 2-6 明视觉视见函数的国际标准

| 光线颜色 | 波长/nm | $V(\lambda)$ | 光线颜色 | 波长/nm | $V(\lambda)$ |
| --- | --- | --- | --- | --- | --- |
| 紫 | 400 | 0.0004 | 黄 | 580 | 0.8700 |
| 紫 | 410 | 0.0012 | 黄 | 590 | 0.7570 |
| 靛 | 420 | 0.0040 | 橙 | 600 | 0.6310 |
| 靛 | 430 | 0.0116 | 橙 | 610 | 0.5030 |
| 靛 | 440 | 0.0230 | 橙 | 620 | 0.3810 |
| 蓝 | 450 | 0.0380 | 橙 | 630 | 0.2650 |
| 蓝 | 460 | 0.0600 | 橙 | 640 | 0.1750 |
| 蓝 | 470 | 0.0910 | 橙 | 650 | 0.1070 |
| 蓝 | 480 | 0.1390 | 红 | 660 | 0.0610 |
| 蓝 | 490 | 0.2080 | 红 | 670 | 0.0320 |
| 绿 | 500 | 0.3230 | 红 | 680 | 0.0170 |
| 绿 | 510 | 0.5030 | 红 | 690 | 0.0082 |
| 绿 | 520 | 0.7100 | 红 | 700 | 0.0041 |
| 绿 | 530 | 0.8620 | 红 | 710 | 0.0021 |
| 黄 | 540 | 0.9540 | 红 | 720 | 0.00105 |
| 黄 | 550 | 0.9950 | 红 | 730 | 0.00052 |
| 黄 | 555 | 1.0000 | 红 | 740 | 0.00025 |
| 黄 | 560 | 0.9950 | 红 | 750 | 0.00012 |
| 黄 | 570 | 0.9520 | 红 | 760 | 0.0006 |

有了视觉函数就能比较两个波长的发光体对人眼产生视觉的强弱，例如人眼同时观察距离相同的两个发光体 $A$ 和 $B$，如果 $A$ 和 $B$ 在观察方向的辐射强度相等，发光体 $A$ 的辐射波长为 600nm，发光体 $B$ 的辐射波长为 500nm。由表 2-6 可得：$V(600)$ =0.631，$V(500)$ =0.323，这样发光体 $A$ 对人眼产生得视觉强度是发光体 $B$ 对人眼产生的视觉强度的 0.631/0.323 倍，即近似等于两倍，反之，如果要使发光体 $A$ 和发光体 $B$ 对人眼产生相同的视觉强度，则发光体 $A$ 的辐射强度应该是 $B$ 的辐射强度的一半。

*2. 视锐度及眼睛对亮度差的判别能力

视锐度是指视觉分辨物体精细形状的能力，定义为人眼恰能分辨出的两点对人眼所张视角的倒数，即视锐度 $V=1/\alpha$。

$\alpha$ 表示人眼分辨角，若 $\alpha$ 的角度以"分"为单位，则 $V$ 值称为视力。视力与环境条件密切相关，图 2-30 为视力与亮度的关系，由图可见，当亮度为 $0.1cd/m^2$ 时，视力约为 0.6，当亮度增至 $1000cd/m^2$ 时，视力达到 2.3 左右，亮度再增加视力也不会明显增大了，而且当亮度过大时，就会感到耀眼，甚至睁不开眼睛，什么也分辨不出来了。

视力也与成像在视网膜上的位置有关，图 2-31 为视锐度在视网膜各处的变化情况，由图可见，视力随着远离中心凹而降低，偏离中心凹 5°视锐度就降低一半。

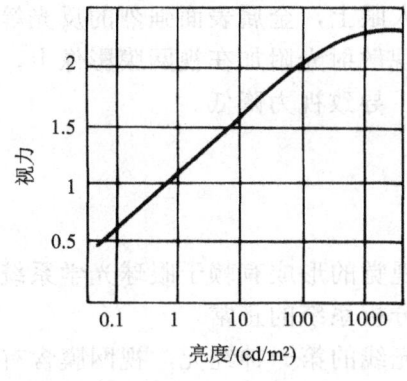

图2-30　视力与亮度的关系

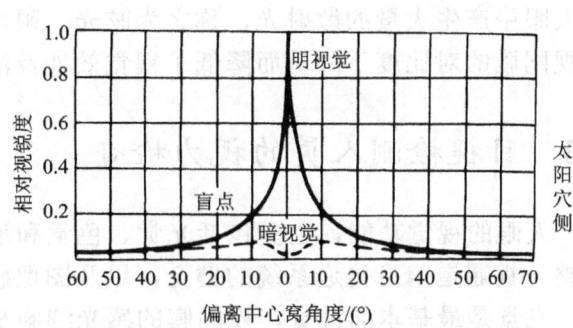

图2-31　视网膜各处的视锐度（右眼）

此外，视力还与目标物的对比度有关。即与被观察的对象是否明暗分明有关，越是黑白分明则愈看得清楚；反之，若目标与背景差不多，就会显得模糊不清。对于背景为白色明亮底衬，目标物为灰黑色的情况，对比度的定义式如下：

$$C=(L_b-L_0)/L_b$$

式中　$C$ —— 对比度；
　　　$L_b$ —— 背景亮度；
　　　$L_0$ —— 目标亮度。

图 2-32 给出的视力与对比度、背景亮度之间的关系，称为视功能曲线。由图可见，视力随着对比度增大而增大，若对比度固定，则视力随着背景亮度的增大而增大。

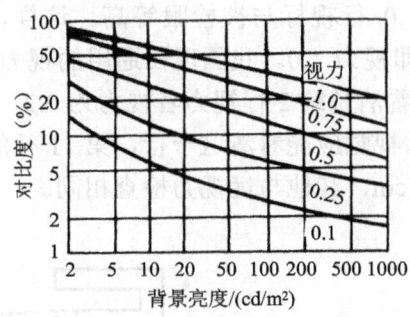

图2-32　视力与对比度、背景亮度的关系

*3. 人眼对光刺激的反应

当人眼接受光刺激后，不但有延时效应，而且还有暂留现象，在眼睛接受光脉冲刺激之后，大约要过万分之一秒，才达到响应的最大值，其残留时间大约 0.1s。如果是一个周期性的光刺激，当周期较大时，早先的刺激所残留的印象完全消失，则眼睛可看出

黑暗的过程；若周期变短，在光波遮断时间内残留的印象变暗，但未完全消失，感觉变为一种闪烁感；当周期进一步缩短，残留印象与初始感觉相近，闪烁感也随之消失。因此，在闪烁光照明条件下，人眼是无法舒适地观察物体的。

在明暗对比强烈情况下，如夜间汽车大灯照射到人眼上，金属表面强烈的反光等会在人眼中产生大量的散射光，称之为眩光。眼内如出现散射光附加在视网膜影像上，会使视网膜的对比度下降从而降低了视觉效能及清晰度，导致视力降低。

## 2.3 目视检测人员的视力检查

人眼的视觉功能，主要包括光觉、色觉和形觉。视觉的形成有赖于眼球光学系统的完整、视通道信息传递系统的健全，以及图像感知和分析系统的正常。

光觉是最基本的视觉，视网膜的感光细胞是感受光线的第一神经元，视网膜含有视锥和视杆两种感光细胞，视锥细胞主要集中黄斑部，感受强光（明视觉）和色觉；视杆细胞主要分布在黄斑以外的周围视网膜，感受弱光（暗视觉）。

人眼对不同波段电磁波的感受，可分别产生红、橙、黄、绿、靛、蓝、紫等不同颜色知觉，色觉就是指人眼辨别各种颜色的能力。

形觉包括视觉和视野，视野指眼球向正前方固视不动所能见到的空间范围，一般是指中央视力。

目视检测人员的视力检查主要是指近视力、远视力和色盲的检查。

### 2.3.1 近视力检查和远视力检查

正常人眼的视力都差不多，但当出现远视、近视或散光等非正常情况时，视力会明显下降。国际上通用的视标是如图2-33a所示的兰道（Landolt）环，我国使用的是如图2-33b所示的 $E$ 形视标。测试时一般采用白底黑标，照度范围为200~700 lx 远视力检查距离为5m，视力表与被检眼视线垂直，1.0 行视标与被检眼等高。这样，视标道宽或开口宽度$\Delta$约为1.46mm，视角正好对应 1'，即视力 1.0。我国现在通用的视力表共有 12 行，能看清楚第 1 行（10'视角）者视力为 0.1，看清楚第 2 行视力者视力为 0.2，如此类推，第 10 行的视角为 1，对应视力为 1.0，一般正常视觉应能看清这一行，第 11 行的视力为 1.2，第 12 行的视力为 1.5。近视力检查距离为 25cm，其他与远视力检查相同。

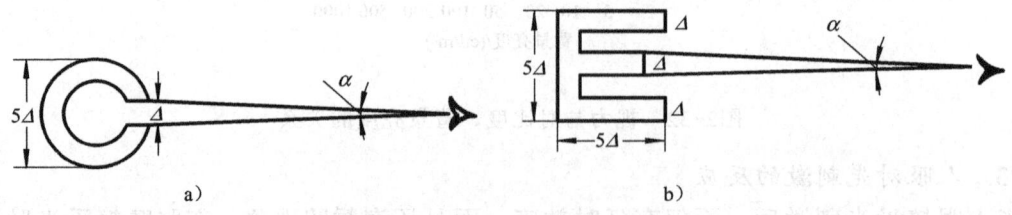

图2-33 视力表上用的视标

a）兰道环 b）E形视标

## 2.3.2 色盲检查

色觉是人眼视觉的主要组成部分。色彩的感受与反应是一个充满无穷奥秘的复杂系统，辨色过程中任何环节出了毛病，人眼辨别颜色的能力就会发生障碍，称之为色觉障碍即色弱。通常，色盲是不能辨别某些颜色或全部颜色，色弱则是指辨别颜色能力降低。

**1. 全色盲**

不能识别颜色的色觉异常称为全色盲，所以全色盲者对外界的视觉要依赖杆状细胞，这种人对周围的事物没有色彩感，看周围只是个明暗的世界，在人群中全色盲者非常少见。

**2. 红绿色盲**

不能识别红绿颜色的色觉异常叫红绿色盲，具有红绿色盲的人只能识别蓝色和黄色，对接近蓝色的蓝绿色或接近黄色的黄绿色，以及橙色，则只有蓝和黄的感觉。而对接近绿的蓝绿色，黄绿色或接近红的橙色（如果绿和红的量相当时），这时只感觉明暗而毫无彩色。

在红绿色盲者当中，能识别绿色，不能识别红色的叫红色盲（即红绿色盲第一型）；相反，能识别红色而不能识别绿色的叫绿色盲（即绿色盲第二型）。

**3. 蓝黄色盲**

与红绿色盲相反，这种色盲患者对红绿产生色觉，而对蓝黄色不能产生色觉，这种色盲异常叫蓝黄色盲。这种色盲比较少。

**4. 色弱**

色弱主要是辨色功能低下，比色盲的表现程度轻，也分红色弱，绿色弱等。

在照明亮度很高的情况下，颜色视觉正常者与色弱者没有多大差别。当看远方的颜色，或识别低色彩的颜色，观察时间又短时，则会产生差别了。色弱表现出的异常是分辨不清。色弱也分红色弱、绿色弱等多种。特别是对比效果的影响更大。用土黄色、黄色与红色相配合，色弱者就会看到一系列绿色，相反，用土黄色、黄色和绿色相配，色弱者就会看到一系列红色。

**5. 检查**

色盲检查通常用数字辨色卡、集合图案辨色卡或动物图案辨色卡进行检查。在明亮的弥散光下（日光不可直接照到图面上）展开检查图，被检查者双眼与图的距离为60～80cm，也可以参照具体情况酌情予以增加或缩短，但不能低于50cm或超过100cm，也不得使用有色眼镜。任选一组读出图形，愈快愈好，一般在3s可得到答案，最长不超过10s。色觉障碍者辨认困难，读错或不能读出，可按照色盲表现确认属于色觉异常。

## 2.3.3 夜盲和昼盲

夜盲是指在暗环境下或夜晚视力很差或完全看不见东西。造成夜盲的根本原因是视网膜杆状细胞严重受损。昼盲是指在明亮的环境下视力下降，造成昼盲的根本原因是视网膜视锥细胞严重受损。

## 复 习 题

1. 什么是可见光、单色光？
2. 可见光的波长范围是什么？
3. 光线的定义是什么？
4. 简述光的传播特点、光的传播速度。
5. 什么是光通量、光通量的单位是什么？
6. 什么是发光强度、发光强度的单位是什么？
7. 什么是照度、照度的单位是什么？
8. 什么是反射率、折射率？
9. 简述照度定律。
10. 什么是亮度、它的单位是什么？
11. 简述光的反射和反射定律。
12. 简述平面镜、凹面镜、凸面镜的成像。
13. 简述凹透镜和凸透镜是如何成像的。
14. 什么是光的吸收和散射？
15. 简述人眼的构成和图像形成。
16. 简述眼睛的适应、明视距离和分辨率。
17. 人眼看清物体的三个条件是什么？
18. 简述光强与颜色对观察及其分辨率的影响。

# 第3章 设备与仪器及其使用

## 3.1 光源的种类及其特点

凡能发射电磁辐射且有一段辐射光在可见光范围之内的物质体称之为可见光光源。可见光光源可分为自然光源和人工光源两大类,日光是最重要的自然光源。人工光源大致可分为温度辐射光源、气体放电光源、固体发光光源、激光光源等几类。

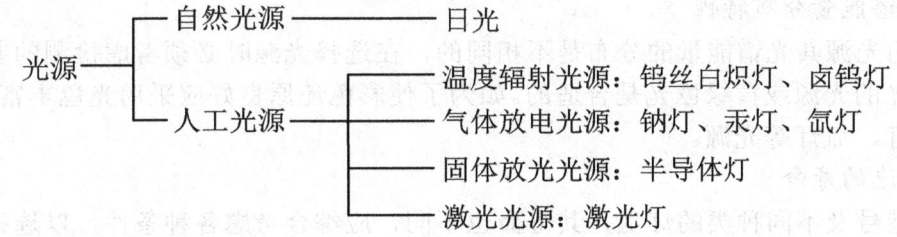

### 3.1.1 自然光源

日光是人们天天都要使用,最熟悉的一种自然光源,它透过大气层照射到地面,强度和光谱特性均会受到一定影响,并随地理位置、气候、季节、时间的变化而变化。它是一种色表和显色性较好的光源。在目视检测中被广泛用来作为光源,但受地点、时间、照度要求、使用要求与使用条件的限制,往往不能充分利用自然光源。

### 3.1.2 人工光源

1. 温度辐射光源

温度辐射光源是使用物体温度升高而发光的光源,例如钨丝白炽灯及卤钨灯。白炽灯发出的光是连续光谱,故其显色性较好。当灯丝温度升高时,色表愈接近日光。由于用途不同,白炽灯的结构形式很多,其灯丝的形状有点光源、线光源和面光源。

碘钨灯和溴钨灯是最常用的卤钨灯,与白炽灯相比,卤钨灯寿命长,发光效率高,在整个寿命期中可始终保持接近100%的光通量,灯丝亮度高,玻璃小而坚固,因而可使灯具和光学系统小型化,使成本降低。

2. 气体放电光源

使电流通过气体(包括某些金属蒸气)而发光的光源称为气体放电光源。如钠灯、汞灯、氙灯等。它们是光谱仪器中常用的光源,统称为光谱灯,发出不连续的线光谱。

3. 半导体灯

半导体灯又称P-N发光灯或发光二极管,它电压低、耗电少、点燃频率高、寿命长体积小,但光效率低。目前常用于指标灯或显示器。

### 4. 激光光源

它是一种新型光源，具有单色性好、方向性好、相干性好及辐射密度高等特点。在国防、生产和科研中被广泛应用。

#### *3.1.3 不可见光源

有些发光体可以发射出红外线或紫外线，由于其波长不在人眼的可见范围内，我们称这类发光体为不可见光源。因为目视检测主要是利用人眼对被检对象进行观察，故不可见光源在目视检测中较少采用。

#### 3.1.4 光源的选择

在目视检测中，光源是一个很重要的检测器材，合理正确的选用光源是保证目视检测的一个重要因素，因此在选择光源时要考虑以下几个方面：

### 1. 光谱能量分布特性

不同的光源其光谱能量的分布是不相同的，在选择光源时必须考虑检测的要求，采用类似日光的光源或黄绿色光是合适的。如为了使彩色还原良好应采用光色丰富的日光、强光白炽灯、氙灯等光源。

### 2. 灯泡的寿命

不同型号及不同种类的灯泡，其寿命也不同，应综合考虑各种条件，以选择寿命长一些的为宜。

### 3. 使用条件及经济性

在检测大面积区域时应采用照度均匀，照射面积大的白炽灯为宜；检测试件某部位，对细小缺陷进行仔细观察时应采用具有聚光作用的灯为好；在进入容器等内部执行检测时，由于容器内部通常较暗应采用强光光源，同时从安全角度出发还应考虑具有防爆功能和在安全电压以下的光源。

## 3.2 反光镜、放大镜、显微镜和望远镜的构造与性能及使用

### 3.2.1 反光镜

反光镜包括平面反光镜、凹面反光镜和凸面反光镜三种，目视检测中最常用的反光镜是平面反光镜，即反射面为平面的反光镜，它是利用光的反射原理在人眼不能直接观察的情况下，转折光路，从而达到观察的目的。

平面反光镜是由玻璃加镀层组成，通常采用透光性能良好的光学玻璃并在背面镀银制成。人们日常生活中使用的镜子就是最简单的平面反光镜。平面反光镜因其结构简单、成本低廉，市场上随处都可购得，故而是目视检测的必备工具之一。但是由于平面反光镜由玻璃构成，使用中非常容易破坏和破裂，因而在特殊场合，如容器内部及洁净场合应当慎用。

医用咽喉镜，也是目视检测常用工具之一，其镜面直径均为 22mm，并与手柄成 45°角，医学上常用作口腔检查，用在目视检测上，能清晰显示小范围内的表面状况。

## 3.2.2 放大镜

为了增大视角，便于仔细观察工件的各部分细节，应近距离观察。但是，眼睛的调节是有限度的，正常的眼睛不能聚焦的距离小于 150～250mm。在平均视野条件下，能看清直径约 0.25mm 的圆盘和宽度为 0.025mm 的线。使用放大镜就可以克服人眼这些极限条件，使眼睛能够看清工件各部分细节。

最简单的放大镜是一个单片的凸透镜。物体 $AB$ 放在放大镜的焦点 $F$ 里面一些，隔着透镜观察物体可以看见一个放大正立的虚像 $A'B'$（图3-1）。设物长为 $L_0$，放在明视距离 $d$（250m）处，人眼直接观察物体时的视角 $\alpha \approx L_0/d$。

使用凸透镜后，成虚像于明视距离处。设像长为 $L_i$，那么它的视角 $\beta \approx L_i/d \approx L_0/f$，所以放大镜的放大率为：

$$m = \beta/\alpha = d/f = 250/f$$

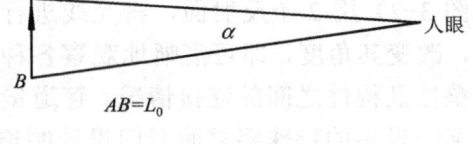
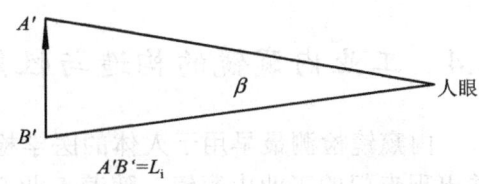

图3-1　放大镜成像示意图

从上面的公式看，$f$ 愈小，放大镜的放大率愈大。实际上 $f$ 太小时，球面的曲率太大，眼睛所能观察的范围（视场）很小，观察起来就不方便，并且曲率愈大，球面象差等现象也愈显著。所以一般情况下放大镜的放大率不过几倍，目视检测所使用的放大镜，放大倍数一般在 6 倍以下。为了使用方便通常选用带有手柄，带照明，透镜直径一般为 80～150mm 的放大镜。

## \* 3.2.3　显微镜

观察微小的物体要用放大倍数比较大的显微镜。显微镜的结构颇为复杂，常由四个以上的透镜组合而成，放大倍数可达几十万倍，可对工件的组织结构进行观察。目视检测是一种宏观检测，通常情况下很少使用放大倍数很高的显微镜。

## 3.2.4　望远镜

望远镜是一种用于观察远距离物体的目视光学仪器，能把远方很小物体的张角按一定的倍率放大，使之在像空间具有较大的张角，使本来无法用肉眼看清或分辨的物体变得清楚可见或明晰可辨。所以，望远镜是目视检测中常用的工具之一。

最简单的望远镜须由二个透镜组成，一个为物镜，一个为目镜，它们的主轴在同一直线上，物镜的焦点 $F_0$ 跟目镜的焦点 $F_e$ 相重合，所以筒长 $L$ 等于两透镜的焦距之和，即 $L = f_e + f_0$。望远镜的放大率 $m \approx f_0/f_e$，就是说望远镜的放大率约等于物镜焦距 $f_0$ 与目镜焦距 $f_e$ 的比值。物镜的焦距愈大，或目镜的焦距愈小，望远镜的放大率愈大。望远镜的物镜不仅焦距要大，并且孔径要大，可以增加像的照度。望远镜的物镜所成的像比原物体小，但因视角放大，看物体有缩短距离的感觉，放大率为 10 倍时，物体到我们的距离就好像缩短到原距离的 1/10。

## *3.3 管道镜的构造与性能及使用

管道镜又名潜望镜，利用光的反射原理，可以观察掩蔽物后面的部位，最简单的管道镜（图3-2）用2个反射面，将光线进行方向变换，改变其角度，即可清晰地观察各种部件的完整性及构件之间的连接情况。管道镜一般针对某一设备的特殊要求而专门设计制造，能远距离自动控制，但造价高，通用性差。

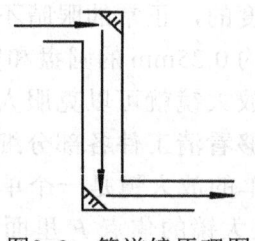

图3-2 管道镜原理图

## 3.4 工业内窥镜的构造与性能及使用

内窥镜检测最早用于人体的医学检查。20世纪50年代开始逐渐进入工业检测领域，并出现专门的工业内窥镜。随着工业产品对内窥检测的需求，以及工业内窥镜制造技术的完善，内窥检测在各个工业系统得到了广泛的应用。工业内窥镜已成为一种必不可少的检测工具，根据不同的检测需求研制生产了各种不同规格形式的工业内窥检测设备，以适应不同具体要求。

国内在20世纪70~80年代开始从国外引进工业内窥镜产品，主要用于航空航天产品内部多余物控制及一些零部件的质量检查。近年来，国内内窥检测已进入了实用阶段，越来越多地运用于产品生产质量的控制，并发展成为一项专用的检测手段。

内窥镜检测设备主要包括内窥镜、检测工装、辅助照明设备等。其中最主要的为内窥镜。内窥镜有不同的分类方法：

1）根据使用领域分为工业内窥镜和医用内窥镜两大类。
2）根据其能否弯曲分为刚性内窥镜和柔性内窥镜两大类。
3）根据其成像特征分为光纤内窥镜和视频内窥镜两大类。

### 3.4.1 直杆内窥镜

直杆内窥镜通常限用于观察者和被观察物之间是直通道的场合，根据使用要求的不同，可有不同的类型。典型的直杆内窥镜其结构如图3-3所示，在不锈钢镜管内，光导纤维束将光从外部光源导入，以照明观测区，由接物镜、一系列消色差转像透镜和接目镜组成的光学系统使观测者可对观测区进行高分辨力的观测，放大倍数常为3倍到4倍，但放大到50倍的也有。这种内窥镜的插入部分管径为1.7~10mm，工作长度为20~1500mm，观测方向（视向）可以是0°，45°，70°，80°，90°，110°而视野可以是35°，50°，56°，60°，70°，80°，90°（见图3-4）。目前的直杆镜可以做轴向的360°旋转，周向扫查更为方便，并且可以实现单根直杆镜视向从55°~115°可调，具有这种功能就可以达到用一根直杆镜来代替多根直杆镜的目的。图像可用肉眼观测，也可通过转接器用照相机拍摄，也可通过转接器和电视摄像机在电视监视器上观测。插入部分可全防水，工作温度为-10~150℃，压力可至405kPa。

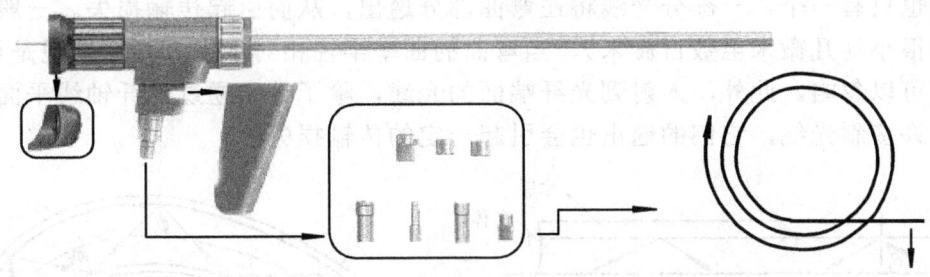

图3-3 焦距可调直杆内窥镜典型机构示意图

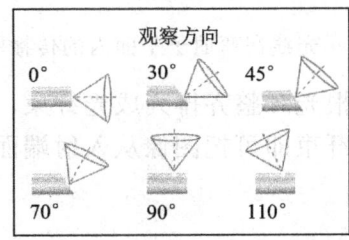

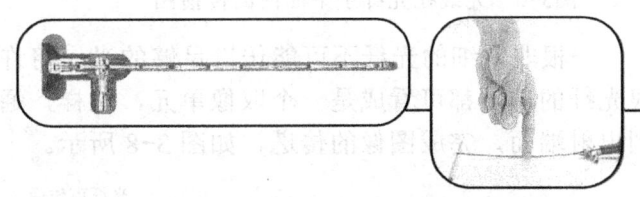

图3-4 某些直杆内窥镜视向和视野示意图　　图3-5 微型直杆内窥镜典型结构示意图

微型直杆内窥镜其结构如图 3-5 所示，在不锈钢镜管内装的是光导纤维和由自聚焦透镜等组成的自聚焦光学系统，其特点是可做到插入部分的管径为 1.7～2.7mm，在极小的焦距处放大倍数可高达 30 倍，工作长度可达 260mm，视向为 0°，15°，30°，70°，视野为 65°，80°，90°。

### 3.4.2 光纤内窥镜

光纤内窥镜主要用于观察者到观察区并无直通道的场合。

1. 光导纤维的传光和传像

普通形式的玻璃抗弯强度是非常低的，但玻璃纤维能弯而不断。光学玻璃较之普通玻璃有好得多的传光性能，因此，用光学玻璃制成的细纤维就能沿弯曲路径很好地传送光线被称为光导纤维（光纤）。光导纤维的截面多数是圆形，由具有较高折射率 $N_1$ 的芯体和较低折射率 $N_2$ 的涂层组成，如图 3-6 所示。在光纤中，如果光线以 $\theta$ 角入射到光纤的入射端面上，按折射角 $\theta_1$ 进入光纤后将到达芯体与涂层间的光滑界面，当满足全反射条件时，便会在界面上发生光纤内的全反射，全反射光线又可按同样的角度在相对面上发生全反射，依靠不断的全反射，该光线即可在光纤中传播，直至从光纤的另一端（出射端面）射出。显然，要使光线在包含光纤轴线的平面（子午面）内作全反射传播，其入射角必有一极限值 $\theta_M$，有

$$\sin\theta_M = (N_1^2 - N_2^2)^{1/2}$$

只有入射角 $\theta < \theta_M$ 的光线才能在光纤中传播。$\sin\theta_M$ 称为光纤的数值孔径，它反映了光纤的集光本领，数值孔径越大，集光本领也就越强。

光纤弯曲时，光线在内部的入射角 $\phi$ 将发生变化，如图 3-7 所示，此时，通过光纤轴

线的平面也只有一个，一部分光线将在弯曲部分逸出，从而引起传输损失。一般，由于芯体直径很小（几微米至数百微米），当弯曲的曲率半径相对于光纤直径来说是很大时，弯曲损耗可以忽略。此外，入射到光纤端面的光线，除了处于通过光纤轴线平面的光线外，还有许多斜光线，它们的逸出也会引起一定的传输损失。

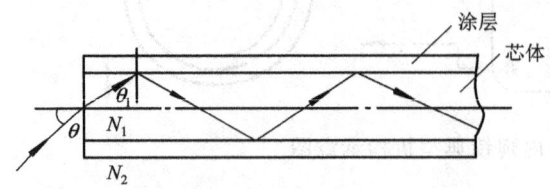

图3-6　光线在光纤子午面内的传播图　　　　图3-7　光线在弯曲子午面内的传播图

一根非常细的光纤不可能传送足够的光，将许多单根光纤整齐排列成光纤束，则每根光纤的端面都可看成是一个取像单元，这样，通过光纤束即可把图像从入射端面传送到出射端面，完成图像的传送，如图 3-8 所示。

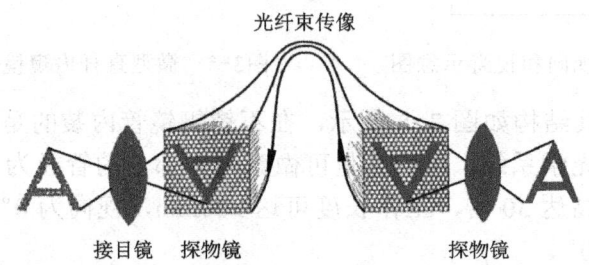

图3-8　光纤束的传像面内传播的光线传播的影响

2．柔性光纤内窥镜的构成

典型的柔性光纤内窥镜由物镜先端部、弯曲部、柔软部、操作部和目镜组成。导光束、导像束和用以操纵头部角度的钢丝等均装在镜筒中，如图 3-9 所示。

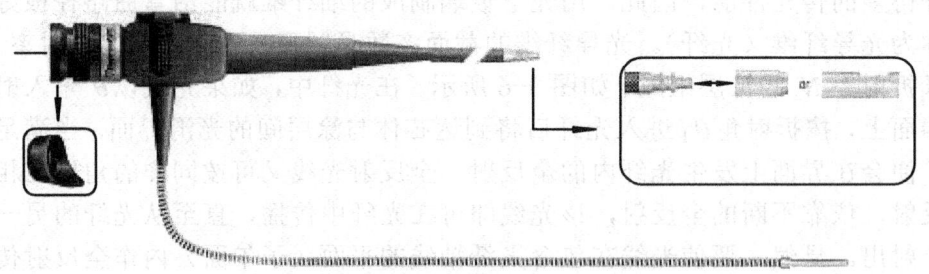

图3-9　工业光纤内窥镜结构示意图

光传导束所用光纤通常直径是 30μm，图像传导束中光纤的直径关系到所获图像的分辨力，光纤直径小，排列精确，这样在图像传导束中就可装填更多的光纤，可获得较好的分辨力，在分辨力较高的情况下方有可能利用较宽现场的物镜和在目镜处将图像放大，图像传导束光纤直径一般在 6.5~17μm。表 3-1 为目前市场上某些光纤内窥镜的技术性能参数。

表 3-1 某些光纤内窥镜的技术性能参数表

| 型号 | 导向方向 | 插入管 | 视向 | 工作长度/m | 视野 |
|------|---------|-------|------|-----------|------|
| F2D | 2 方向 | PVC | 0° | 0.5/1.0/1.5/2.0 | 60° |
| F3D | 2 方向 | 不锈钢 | 0° | 0.5/1.0/1.2 | 60° |
| F4D | 2 方向 | 不锈钢 | 0°/90° | 1.0/1.5 | 60° |
| F5D | 2 方向 | 不锈钢 | 0°/90° | 1.0/1.5/1.8 | 60° |

### 3.4.3 视频内窥镜

应用光纤内窥镜虽然可以在一些狭小弯曲的试件内部进行检验，使用方便、用途也很广泛。但是由于光纤传像束的固有结构特征的原因，分辨率不够高、图像不够清晰。

在光纤内窥镜图像传导束中，每一根光纤都为目镜传送一部分检测图像，但在各根光纤之间则有一个很小的空间成为图像传送的空档，形成一个个"蜂房"或网格图形，因而增加图像的颗粒状使之模糊不清。另外，光纤束的长时间固定弯曲及拐折也会使一些光纤折断，它们所传送的像素就会消失，因而出现黑点，称为黑白点混成灰色效应，从而使分辨力下降。

直杆内窥镜在具有成像清晰、便于操作等优点的同时，也存在其局限性：成像范围小，是一个圆形的局部；焦距范围短；观察使用易疲劳等。

光学内窥镜还存在一些其他技术缺陷，比如导向不够灵活、亮度调节不够智能、不能直接存储图像、不能测量缺陷尺寸等等。而我们下面将要介绍的这种设备是一种自 1984 年诞生以来逐渐成为内窥检测主流技术的视频内窥镜。

首先利用光导束将光送至检测区（有时在远端处也有采用发光二极管作为工作长度大于 15m 时的照明），先端部的一只固定焦点透镜则收集由检测区反射回来的光线并将之导至 CCD（电荷耦合器件）芯片（直径约 7mm）表面，数千只细小的光敏电容器将反射光转变成电模拟信号，然后，此信号进入探测头，经放大、滤波及时钟分频后，可直接在仪器数字显示屏上成像或通过模拟输出到外接监视器上观察（见图 3-10）。

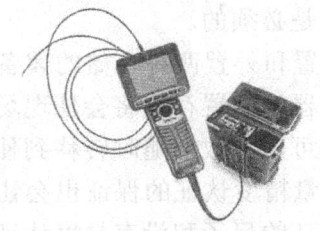

图3-10 视频内窥镜示意图

1. 视频内窥镜的优点及其技术性能

视频镜从使用形式上取代了直杆镜和光纤镜，因为视频镜本身为柔性插入管，但如果加上刚性套管之后则可以当成直杆镜使用。焦距更深，比典型的光纤镜能提供更长的固定场深度，即在检测区可有更大的清晰范围，因此可节省移动探头及再次对焦时间。不存在使用光纤的固有缺点，在图像传送过程中不使用光纤束，就不存在"蜂房"影像及光纤折断产生的"黑白点混成灰色"效应。它的固态电子图像信号通过电导体传送，这些电导体是专为耐受严酷工业环境而设计的。可维持图像信号的幅度及稳定，工作寿命也长得多。

当通过传统的目镜观察时，人的眼睛紧张和疲劳可能是一个大问题，每次通过目镜观察一分钟就应休息几分钟，在检测任务繁重时，检测人员要加快工作，就有可能因为眼睛感到不舒服，造成漏检。而现在数字图像显示器使我们可以非常舒适地进行检查，非常容易控制图像的大小、记录图像，并且能够进行精确的远距离目视检查，可使两个人或更多的人同时看图像，对确定缺陷及损伤的性质、严重程度、是否超标非常重要。对视频内窥镜而言，如同我们的数码相机一样，要得到很清晰的图像，必须要有很高的CCD像素，至少要高于44万，目前市场上已有成熟产品供应。

　　色的辅助判断也是极为关键的。在识别腐蚀、焊接区域烧穿及化学成分的缺陷时，准确的彩色再现往往是很重要的。视频成像系统的彩色再现极佳，它能把每个三基色以全带宽记录下来，从而达到最大分辨力。特别是当我们观察烧蚀程度或涂层剥落时，如果色彩还原不好，会让我们将原本不很严重的烧蚀误判成即将烧穿。要达到很好的色彩还原，必须有很高的灰度等级，这就需要保证光源色温接近于太阳光的色温（太阳光色温6000K）。

　　光源亮度的自动智能型调节也是得到良好观察效果的必备条件。型腔内部表面一般为金属材料，且具有一定反光性，如果光源亮度不能无级自动调节，而只能通过手动分级调节时，所得到的观察效果肯定会产生较强反射白斑。当白斑恰在缺陷部位时，则无法完成观察。光源亮度自动调节功能可以最大限度的消除白斑效果，令观察时得到最为合适的光源照度。

　　全方位360°的导向功能也是在实际工作中不可缺少的。进行容器内部观察时，我们既要观察顶部，也要检查底部，还要注意周围的状况，这样就要求探头可以360°旋转，如果只能完成四个方向的导向就不得不繁琐地进行插入管的轴向旋转操作，增加了工作难度，影响观察效果。另外，在狭小的空间内尽量短小的导向半径和180°以上的导向弯曲度也是必须的。

　　内置和外置两种存储的兼备才能满足使用者对数据记录的要求。对于视频内窥镜而言，仪器的内置存储将会使现场检测变得更为方便和检测与缺陷记录更为保险，而外置的设备可以将数据随时转移到使用者的电脑中长期保存。

　　测量精度认证的保证也会让使用者对检测结果充满信心。这就如同我们使用一种有精度认证的尺子和没有精度认证的尺子的感受是一样的，测量工作的确是做了，但如果没有精度的认证就无法保证该数据的可信度。

　　对于现场使用而言，产品的一体化便携性也是至关重要的。数字显示屏必须处于人眼最佳观察角度的位置，而主机部分也需要达到体积小、重量轻、便于携带的需求，因为现场操作的空间很有限。

　　目前先进的视频内窥镜具备中文操作菜单、专业接地线、内置温度传感器等辅助功能。综上所述，设备的好坏、先进与否对目视检测工作的质量起到相当重要的作用。

　　**2. 视频内窥镜测量技术**

　　（1）单物镜阴影测量系统　单物镜阴影测量主要应用于视频柔性内窥镜中，单物镜阴影测量技术的简单工作原理如图3-11所示。

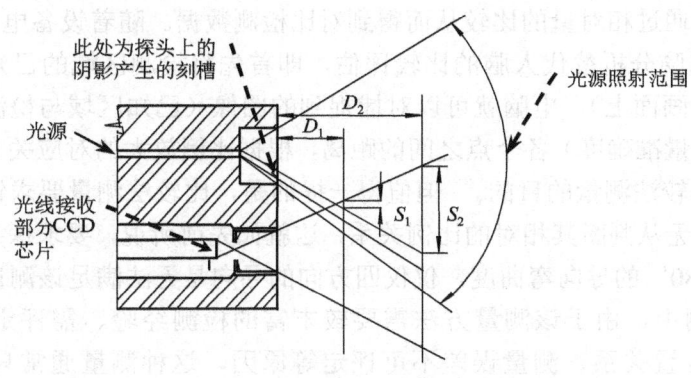

图3-11　单物镜阴影测量技术原理图

$D_1$、$D_2$为探头距物体的距离　$S_1$、$S_2$表示探头距物体距离$D_1$、$D_2$时阴影边界距接收边界的距离

图 3-11 中，在探头的镜头前部有一黑色刻线，当光源照射到物体上时，黑线就会在物体上出现阴影，根据探头距离物体的远近，阴影宽度也随着变化。另外一个值得关注的变化是阴影距接收光线边界的位置变化，即由于透镜与 CCD 芯片的位置决定的接收光线的角度范围是固定的，所以物体距探头的距离一定时，阴影距接收边界的位置是固定惟一的，也就是上图所示的 $D_1$、$D_2$ 距离对应的 $S_1$、$S_2$。距离 $S_1$、$S_2$ 对应到监视器上就是阴影距图像边界的距离。内窥镜检查过程中，发现需要测量的区域时，先锁定图像然后将定位光标线移动到显示图像的阴影线上，通过使用操作手柄控制菜单，操作者将阴影线的信息反馈给主机处理器，主机处理器会根据惟一的几何运算原理对阴影所在面区域内尺寸做出定量的评定，这样就达到测量的目的。

阴影测量方法主要有七种，①直线距离方式：可在观察垂直于光轴的平面时进行直线距离测量。②斜距离方式：可在所观察的平面并不是垂直于光轴的单一平面上进行距离测量。③深度方式：可测量沿光轴两平面之间的深度（高度）差，这种情况可用影子的分段或折断来表明。④点到线方式：可在观察垂直于光轴的平面时进行某点到某直线的垂直距离（同时可显示该直线的长度）。⑤面积方式：可在观察垂直于光轴的平面时测量任意形状图形的面积。⑥折线方式：可在观察垂直于光轴的平面时测量任意曲线的长度。⑦圆形量规方式：任意设定圆的直径，用于比量缺陷。总之，单物镜阴影测量法的优点是：单视窗图像，因此图像放大倍数大、清晰度高、测量精确度高、误差小于 3%。测量时要求探头与被测物所在平面相对垂直才能测量该平面上任意点间的几何尺寸；当不能垂直时，要求阴影线与被测部分重合，在该阴影线上测量即可。当然，如果能够达到垂直最为理想，所以需要设备具有 360°的导向功能。

（2）双镜头立体测量系统　双镜头立体测量系统仿效的是人双眼观察物体识别物体大小的原理，根据两个镜头之间的距离和其与被测点的夹角，来确定观测点距探头的位置，也就建立了准确的几何关系完成了测量的目的，因此不需要垂直或重合。该系统误差小于 5%，并可以提供长度、点到线、深度、面积、多点不规则连线长度五种测量模式，并且补充了阴影法不易完成测量的部分。

（3）比较法测量　比较法测量的原理是基于最古老的测量方法，也就是使用已知尺寸的物体作为参照物,通过相对量的比较从而得到对比检测数据。随着设备电子化的高速发展,演变为通过主机电脑分析替代人脑的比较评估,即首先将检测区域的已知距离提供给电脑(必须在视频同一画面上),电脑就可以对捕捉到的图像(已知区域与检测区域在同一平面上可得到较好的测量准确度)各个点之间的距离,根据比例放大的对应关系建立相关的数值关系,从而达到比较法测量的目的。但值得一提的是,比较法测量要求镜头必须与被测物相对垂直,否则将无从判断其相对的比例关系,这就如先前所说,要求探头必须具备良好的导向功能和可达180°的导向弯曲度,仅仅四方向的导向是无法满足该测量需求的。

但在实际检测中,由于该测量方法需要较丰富的检测经验、需评定区域的损伤与已知数据有良好的位置关系、测量误差不可评定等原因,这种测量通常只进行特定部位的测量或参考测量之用。而在检测设备允许的情况下,一般检测者最常用的测量方式是影子测量和双镜头立体测量。

(4)光学硬杆测量法 该方法又称接触法,也属于比较原始的测量方法。这种方法是通过在直杆镜前端伸出一个井字形量规,小格的间距为1mm,通过它与被测物的直接接触来估算缺陷的尺寸大小。

但如果我们无法接触到被测物就无法完成测量,另外,即便是可以接触到的情况下,使用者也无法得到准确的数字结果。因此,对于一个经验丰富的检测人员而言,该方法很少使用。

3. 视频内窥镜测量准确度

由于测量技术的发展,测量数据的置信度和准确度对确定检测结论起着重要作用,因此必需准确的分析影响检测结果的因素,才能采取相应措施避免或减少测量误差,提高测量的置信度和准确度。但要使这些措施能得到良好的收效,必须先确定该测量系统精度的置信度。目前使用的测量系统精度,在正确使用下误差小于 5%。表 3-2 为目前市场上某些视频内窥镜的技术性能参数。

表 3-2 某些市售视频内窥镜的技术性能参数表

| 探头直径/mm | 3.9 | 5.0 | 6.1 | 7.3 | 8.4 |
|---|---|---|---|---|---|
| CCD像素 | 29万以上 | 44万以上 | 44万以上 | 44万以上 | 44万以上 |
| 照明 | 50W 弧光灯,强度 2600 lm,色温 5885K,平均寿命 1500h;光亮度自动/手动调节 ||||||
| 导向 | 弯曲度150°,导向半径 20mm | 360°全方位导向,导向弯曲度 180°,导向半径 30mm,导向矢量图,细密钨丝编织的外皮,对中复位功能 ||||
| 存储 | 内置 16MB 小硬盘,外挂软驱,可插 1.44MB 标准软盘和 32/64/128MB 闪存盘 |||||
| 测量 | 双物镜测量法,误差小于 5% |||单物镜阴影法和双物镜立体法,误差小于 5% ||
| 便携 | 主机可取出,连同手持机共 8kg,整机共重 16kg,具有探头、TFT LCD 显示器、操作手柄一体化集成符合人机工程学原理的手持机。手持机与主机可以互换使用,便于配套使用与维修,并可通过肩带承载全部重量,还可以通过可变支撑臂固定在选定工位上,真正实现便携化 |||||
| 自我保护功能 | | | 内置温度传感器,可感知探头温度,当超过 80℃时,系统发出警报,屏幕显示 |||
| 辅助功能 | 中文操作菜单,专业防静电接地线 |||||

### 3.4.4 内窥镜的正确使用

**1. 光导纤维内窥镜的正确使用**

由于光纤镜的成像光纤的壁很薄,所以不能在使用中让光纤成太大的弯曲度,否则将会造成光纤折断,出现"黑白点混成灰色"效应。

**2. 视频成像系统的正确使用**

(1)探头插入检测对象内部进行检测时,内部被检测区域的温度必须小于80℃,否则将导致 CCD 探头组件的损坏。

(2)主机电源使用交流电源时,必须接地,否则将导致 CCD 探头组件的损坏。

(3)开、关机之间必须间隔 15s 以上,否则将导致主机光源灯泡的损坏。

(4)开机之前必须检查确认各接口与主机连接完好,否则将导致系统障碍。

(5)更换探头物镜转接头必须严格按操作手册的说明进行操作,否则将导致探头物镜转头卡锁的损坏。

(6)更换主机光源灯泡前必须关机 15min 以上以便散热。

(7)探头插入、拔出及关机之前必须按导向复位按钮,确保探头回复到正向前方的初始位置并释放导向钢丝的张力,否则将导致探头导向弯曲部或导向功能损坏。

(8)不能将探头折成小于其弯曲半径的死折,否则将导致探头损坏。

(9)避免探头超出其承受能力被重物砸伤或锐物割伤,否则将导致探头损坏。

(10)每次使用后,必须使用 70%酒精溶剂清洗探头及物镜转接头。

(11)长途搬运时必须将主机软驱磁头保护盘插入软驱中,否则将导致主机软驱磁头损坏。

(12)手持机及主机放入机箱的顺序与位置必须严格按操作手册的说明进行操作,否则将导致探头与主机的损坏。

## *3.5 照度计及使用

照度计是用于测量工作场所光度的基本仪器,对点、线、面光源,漫射光源及各种不同颜色的可见光均能正确测量。照度计一般由探头和主机二部分组成。图 3-12 给出了照度计原理示意图。$C$ 为余弦校正器,$F$ 为 $V(\lambda)$ 滤光片,$D$ 为光辐射探测器。当 $D$ 接受到通过 $C$ 和 $F$ 的光辐射时,所产生的光信号首先经过 $I/V$ 变换,然后经过运算放大器 $A$ 放大,最后在显示器上显示出相应的光照度。

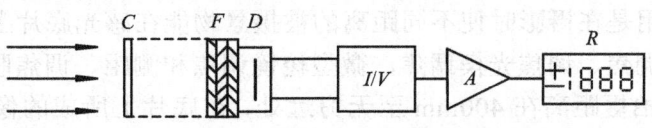

图 3-12 照度计原理示意图

余弦校正器的作用是使光度计对光辐射测量的结果尽量满足余弦定律。照度计的余弦校正器通常是乳白玻璃制造的,已在仪器上使用过的余弦校正器的形状是多种多样的,最常见的有平面形和截球形。

目前普通照度计的探测器基本上采用硅光电器件，而弱光照度计的探测器多采用光电倍增管。表 3-3 是国家制定的照度计检定规程中对照度计主要性能的要求；表 3-4 则是国内外一些照度计的主要性能指标。根据国家计量法的规定，照度计应每年校验一次。

表 3-3　国家检定规程对照度计主要性能的要求

| | | 一级照度计 | 二级照度计 |
|---|---|---|---|
| 示值误差不超过满量程的（%） | | ±4 | ±8 |
| 年变化率不超过（%） | | 3 | 5 |
| 色校正系数 $K$ | | 0.98～1.02 | 0.95～1.05 |
| 角度响应误差不超过（%） | 入射角 /(°) 30 | ±2 | ±3 |
| | 60 | ±7 | ±10 |
| | 80 | ±20 | / |

表 3-4　国内外的一些照度计的性能比较

| 性能 型号 | 精度 | 量程/lx | 角度特征 30° | 60° | 80° | 探测器 |
|---|---|---|---|---|---|---|
| 美国 EG&G550 | ±3%±1 个字 | $10^{-3}$～$10^5$ | −1.50% | −3% | 15% | 硅光电池 |
| 日本 TOPCON IM—3 | ±2%±1 个字 | $10^{-2}$～$10^5$ | ±1% | ±5% | 10% | 同上 |
| 北师大 ST—80B | ±4%±1 个字 | $10^{-1}$～$10^5$ | ±1% | ±5% | 15% | 同上 |

## 3.6　图像记录设备及其使用

### 3.6.1　照相机

照相机通常由照相物镜、取景器、调焦系统三部分组成。照相物镜（又称镜头）的作用是把外界景物成像在感光底片上，使底片曝光产生景物像。照相物镜上装有光圈，改变光圈的大小，可控制进入照相机的光通量。光强时缩小光圈，光弱时放大光圈。照相物镜分辨率表示照相物镜分辨被摄物体细节的能力，是衡量照相物镜成像质量的重要标志之一，通常用像平面上每毫米能分辨开黑白线条的对数表示，它与照相物镜焦距 $F$ 成反比，与相对孔径成正比。

取景器的作用是用来观察被摄景物，以使在摄影时选取合适的摄影范围。通过取景器观察到的景物范围应和实际拍摄成像范围一致，对其成像质量要求并不高。

调焦系统的作用是在摄影时使不同距离的被摄景物能在感光底片上清晰成像。常用的调焦方法有毛玻璃调焦、调焦光楔调焦，微型棱镜调焦和测距、调焦联动法调焦等多种。

一般照相机的拍摄距离在 400mm 至无穷远处，在底片上所成的像是缩小的像，为了记录工件的细节，应选用带微距拍摄功能的照相机，它可在 10～400mm 范围内拍摄，而且进行适当调整可以拍摄像和实物一样大小的照片。

随着数码技术的发展和推广使用，数码相机已被大量使用，正在逐步取代传统相机。数码相机以图像传感器取代了感光胶片，从成像原理来说，与传统相机是一致的。

## 3.6.2 摄像机

摄像机的基本工作原理与照相机相同，只是在成像单元用磁带取代了感光胶片，而且摄像机可以动态记录景物，照相机只有静止地记录景物。用放像机进行图像再现。目前大部分摄像机都是具有摄像和放像功能的一体机，可直接在其取景器或连接电视机进行图像观察。

## 3.7 测量工具及其使用

### 3.7.1 焊接检验尺

焊接检验尺主要由主尺、高度尺、咬边深度尺和多用尺四部分组成。图 3-13 是一种多用途检验尺，用来检测焊件的各种角度和焊缝高度、宽度、焊接间隙以及焊缝咬边深度等。60 型焊接检验尺的用途、测量范围、技术参数见表 3-5。

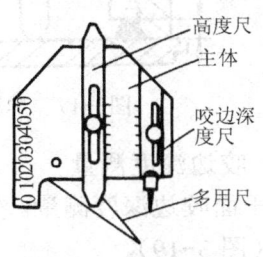

图 3-13　焊缝检验尺

表 3-5　焊接检验尺的用途、测量范围、技术参数

| | 测量项目 | 范围 | 示值允差 | 测量项目 | 范围 | 示值允差 |
|---|---|---|---|---|---|---|
| 高度 | 平面高度 | 0～15 mm | 0.2mm | 宽度 | 0～60 mm | 0.3mm |
| | 角焊缝高度 | 0～15 mm | 0.2mm | 焊件坡口角度 | ≤160° | 30′ |
| | 角焊缝厚度 | 0～15 mm | 0.2mm | 焊缝咬边深度 | 0～5 mm | 0.1mm |
| | — | — | — | 间隙尺寸 | 0.5～6 mm | 0.1mm |

（1）余高测量　测量焊缝余高，首先把咬边深度尺对准零位，并紧固螺钉，然后滑动高度尺与焊缝余高接触，高度尺示值，即为焊缝余高（图 3-14）。

（2）宽度测量　测量焊缝宽度，先用主体测量角靠紧焊缝一边，然后旋转多用尺的测量角靠紧焊缝的另一边，读出焊缝宽度示值（图 3-15）。

（3）测量错边量　测量错边量，先用主尺靠紧焊缝一边，然后滑动高度尺使之与焊缝另一边接触，高度尺示值即为错边量（图 3-16）。

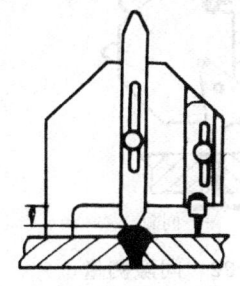
图3-14　余高测量

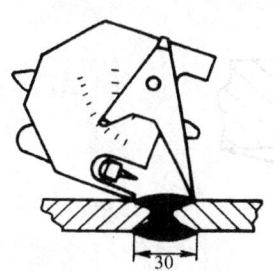
图3-15　宽度测量

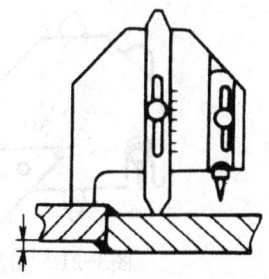
图3-16　错边测量

（4）焊脚测量　测量角焊缝焊脚高度，用尺的工作面靠紧焊件和焊缝，并滑动高度尺与焊件的另一边接触，高度尺示值即为焊脚（图 3-17）。

(5) 焊缝厚度测量　角焊缝厚度测量,把主尺的工作面与焊件靠紧,并滑动高度尺与焊缝接触,高度尺示值即为角焊缝厚度(图 3-18)。

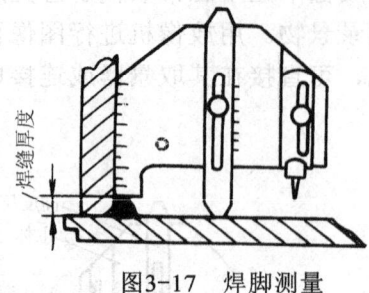
图3-17　焊脚测量

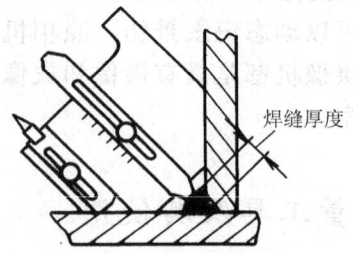
图3-18　焊接厚度测量

(6) 咬边深度测量

1) 平面咬边深度测量。先把高度对准零位并紧固螺丝,然后使用咬边深度尺测量咬边深度(图 3-19)。

2) 圆弧面咬边深度测量。先把咬边深度尺对准零位紧固螺丝,把三点测量面接触在工件上(不要放在焊缝处),锁紧高度尺。咬边深度尺松开,将尺放于测量处,活动咬边深度尺,其示值即为咬边深度(图 3-20)。

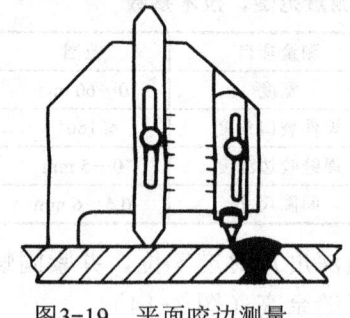
图3-19　平面咬边测量

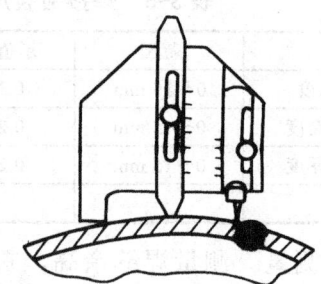
图3-20　圆弧面咬边测量

(7) 角度测量　将主尺和多用尺分别靠紧被测角的两个面,其示值即为角度值(图 3-21)。

(8) 间隙测量　用多用途尺插入两焊件之间,测量两焊件的装配间隙(图 3-22)。

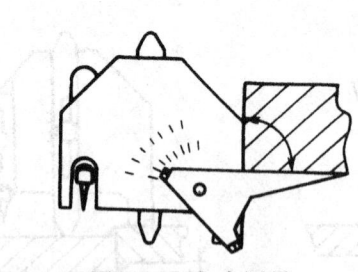
图3-21　角度测量

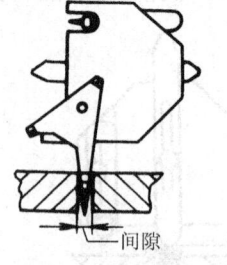
图3-22　间隙测量

### 3.7.2　高度尺

高度尺由主尺和滑尺二部分组成,用于焊缝余高测量和角焊缝焊脚高度测量(图 3-23)。

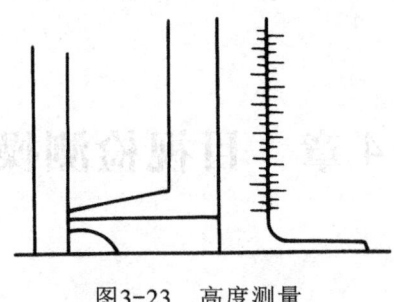

图 3-23　高度测量

## 3.8　设备的校验与周期

对于目视检测而言，检测设备和器材的定期校验是非常重要的。根据我国计量法的规定，量值可溯源的测量设备，应由具备法定计量单位进行鉴定，出具鉴定合格证书，方可进行量值测量，鉴定周期通常为每年一次。在目视检测中所使用的照度计、可测量视频内窥镜属于这类设备，因此必须定期进行计量鉴定，以保证测量数据可信度以及其精度在允许的误差范围内。由于视频可测量内窥镜的特殊性，目前我国法定计量单位暂时还未开展这方面的计量鉴定工作。仪器使用单位可以用比对的方法进行自检。即在测量范围内制作一系列标准样品，尺寸覆盖整个可测量范围，将这些标准样品送法定计量单位鉴定，再通过标准样品对可测量内窥镜进行自检，得出鉴定结论。18%中性灰卡是一种标准物，用来检查目视检测的灵敏度是否可以达到规定的要求，因此灰卡同样要经过法定鉴定单位测试。根据计量法的规定这类器材有效期可根据使用的频率由使用单位自行确定，但一般最长不能超过二年。

焊缝检验尺和高度尺从原理上讲都是属长度测量范围，根据国家计量法的规定，它们属于强制检定器具，必须每年送上级计量部门进行检定，检定合格方可使用。

## 复 习 题

1. 什么是可见光？光源的种类及其特点？
2. 光源选择的原则是什么？
3. 简述反光镜、放大镜、望远镜的构造及其应用场合。
4. 平面反光镜的种类及其特点是什么？
5. 直杆内窥镜在哪些场合使用，主要组成部分有哪些？
6. 简述光纤内窥镜的构成，传像特点、过程及其缺点。
7. 简述视频内窥镜的组成、特点及其使用要求。
8. 简述单物镜阴影测量系统的工作原理和测量方法？
9. 什么是照度计？说明其基本组成及鉴定周期。
10. 图像记录设备和介质的种类有哪些？
11. 简述焊缝检验尺的结构、功能、测量范围。
12. 设备的校验周期和鉴定规定有哪些？

# 第4章 目视检测操作

## 4.1 试件的准备

### 4.1.1 目视检测的必须条件

1. 光源

在目视检查中,光照是必要条件之一,合适的照明条件是保证目视检测结果正确的前提。由于人眼对背景光的限制和敏感程度不同,不同的光照将产生不同的效果,所以根据检测对象和环境,制定出具体的照度范围是必要的。一般检测时,至少要有 160 lx 的光照强度,而用于检测或研究一些小的异常区时,则至少要有 540 lx 的光照强度。光源可以是自然光源(日光),也可以是人工光源,可视具体情况进行选择。

2. 目视检测的分辨率

目视检测使用的基本工具是人的眼睛,肉眼能看清什么,这是一个复杂的题目。影响目视的因素包括照在被检物体上的光线波长或颜色、光强以及物体所处现场的背景颜色和结构等。反差是很主要的,白色背景中的红线,能在白色光中被看见,在淡蓝色光中能看见得很清楚。如果红色光照着整个现场,则实际上就看不见这根红线了。因此,同样的缺陷由于背景光的不同,将产生不同的视觉效果。同时,应避免光线闪耀刺眼,有时为了清楚的显示缺陷,应能改变光线的入射方向,这也是为了使背景光产生更好的视觉效果。

正常的眼睛,在平均视野下,能看清直径大约为 0.25mm 的圆盘和宽度为 0.025mm 的线。正常眼睛不能聚焦的距离小于 150mm,要借助于光学仪器,使被检物由不可见变为可见。

人眼与被检表面的距离在不大于 600mm,与被检表面夹角大于 30°以及在自然光源或人工光源的条件下,能在 18%中性灰度卡上分辨出一条宽度为 0.8mm 的黑线,作为目视检测必须达到的分辨率(图 4-1)。

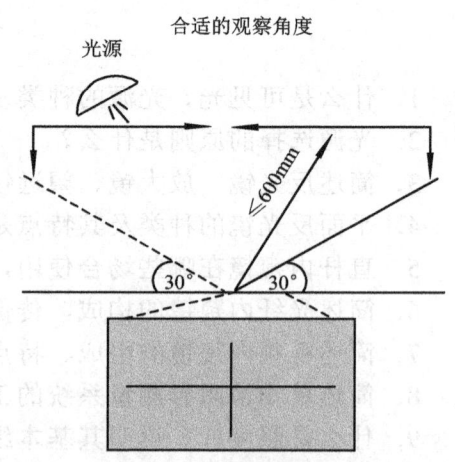

图4-1 分辨率测定示意图

### 4.1.2 试件的准备

1. 试件的确认

目视检测开始前,首先应根据工作指令对试件进行确认,以防误检和漏检。对于大批量试件应核对批号和数量;对于单件小批量试件应核对试件编号或其他识别标识;对于容器类设备应核对铭牌。

2. 表面清理

（1）目的　目视检测是基于缺陷与本底表面具有一定的色泽差和亮度差而构成可见性来实现的。因此，当被检件表面有影响目视检测的污染物时，必须将这些污染物清理干净，以达到全面、客观、真实的观察目的。

（2）污染物类别　表面需清理的污染物分为固体污染物和液体污染物两大类。固体污染物有：铁锈、氧化皮、腐蚀产物；焊接飞溅、焊渣、铁屑、毛刺；油漆及其他有机防护层。液体污染物有：防锈油、机油、润滑油及含有有机组份的其他液体；水和水蒸发后留下的水合物。

（3）清除方法　清除污染物的方法分别为机械方法、化学方法和溶剂去除方法。

机械方法有：抛光、干吹砂、湿吹砂、铜丝刷、砂皮砂等。抛光适用于去除试件表面积碳、毛刺等。干吹砂适用于去除氧化皮、熔渣、铸件型砂、模料、喷涂层积碳等。湿吹砂用于清除沉积物比较轻微的情况。钢丝刷、砂皮砂适用于除去较疏松的氧化皮、熔渣、铁屑、铁锈等。

化学方法有：碱洗和酸洗。碱洗适用于去除锈、油污、积碳等，多用于铝合金。强酸溶液用于去除严重的氧化皮；中等酸度的溶液用于去除轻微氧化皮；弱酸溶液用于去除试件表面铬层金属。

溶剂去除方法有溶剂液体清洗和溶剂蒸汽除油。溶剂液体清洗通常用酒精、丙酮、三氯乙烷等溶剂清洗或擦洗，常用于大部件局部区域的擦洗。

3. 焊缝表面准备

被检焊缝表面应没有油漆、锈蚀、氧化皮、油污、焊接飞溅物、或者妨碍目视检测的其他不洁物，表面准备还得有助于随后进行的无损检测，表面准备区域包括整条焊缝表面和邻近25mm宽基体金属表面。

对于锈蚀、氧化皮、油漆和焊接飞溅物可用砂皮进行磨光处理，也可以用砂轮机进行打磨处理；对于油污污染物等可以用溶剂进行表面清洗，以达到可以进行目视检测的条件。

4. 原材料表面准备

（1）铸件　铸件加工完成后应经过表面清砂、修整、打磨光滑、表面清洁等处理手段，方可进行目视检测。

（2）锻件　锻件表面应没有氧化皮或者妨碍目视检测的其他不洁物，可以用砂皮进行磨光处理，也可用钢丝刷进行清理，当然也可将两种方法混合使用以达到最适合的观察条件。用吹砂清理锻件表面是可以的，但必须防止吹得过重，影响表面细裂纹的检测。

（3）管材　当被检表面上的锈蚀、氧化皮、不规则、粗糙度或污染物形成的不洁度严重到足以掩盖缺陷指示，或者当被检表面上具有涂层时，则须对相应的表面进行酸洗或碱洗，喷砂或清洗处理，以使它露出固有色泽，保证表面清洁和光洁。

## 4.2　目视检测方法

一般说来，目视检测用于观察如零件、部件和设备等的表面状态、配合面的对准、变形或是泄漏的迹象等。目视检测可分为直接目视检测和间接目视检测两种检测技术。

### 4.2.1 直接目视检测

直接目视检测是指直接用人眼或使用放大倍数为 6 倍以下的放大镜，对试件进行检测。在进行直接目视检测时，应当能够充分靠近被检试件，使眼睛与被检试件表面的距离不超过 600mm，眼睛与被检表面所成的夹角不小于 30°。检测区域应有足够的照明条件，一般检测时，至少要有 160 lx 的光照强度，但不能有影响观察的刺眼反光，特别是对光泽的金属表面进行检测时，不应使用直射光，而要选用具有漫散射特性的光源，通常光照强度不应大于 2 000 lx。对于必须仔细观察或发现异常情况，需要作进一步观察和研究的区域则至少要保证有 540 lx 以上的光照强度。

直接目视检测应能保证在与检测环境相同的条件下，清晰地分辨出 18%中性灰色卡上面一定宽度的黑线（如 0.8mm）。

### 4.2.2 间接目视检测

无法直接进行观察的区域，可以辅以各种光学仪器或设备进行间接观察，如使用反光镜、望远镜、工业内窥镜，光导纤维或其他合适的仪器进行检测。我们把不能直接进行观察而借助于光学仪器或设备进行目视观察的方法称为间接目视检测。间接目视检测必须至少具有直接目视检测相当的分辨能力。

在实际工作中，有些区域，既无法进行直接目视检测，又无法使用普通光学设备进行间接目视检测，甚至这些区域附近工作人员无法较长时间停留，或根本无法接近。例如对核电站蒸汽发生器一次侧管板、传热管二次侧进行目视检测时，由于附近区域放射性剂量相当高，人在这样的区域长时间工作是不适合的；又例如对反应堆压力容器内壁、接管段等进行目视检测时，由于环境放射性剂量相当高，而且反应堆压力容器中又充满了水，人根本无法靠近。因此，必须使用专用的机械装置加光学设备对这些设备进行目视检测。我们把使用特殊的机器装置加光学设备，人在相对远和安全的地方通过遥控技术对试件进行目视检测的技术称为遥测目视检测技术。遥测目视检测技术属间接目视检测技术。当然，遥测目视检测同样必须至少具有与直接目视检测相当的分辨能力。

## 4.3 图像记录

### 4.3.1 记录介质的分类

记录介质一般分为纸质记录、照片记录、录像记录、腹膜记录等多种方法。

### 4.3.2 记录介质的应用

1. 纸质记录

这是一种最常用的方法，适用于各种不同的场合，通过观察对发现的问题用文字描述结合绘制简图的方法进行记录，常用于单件试件的直接目视检测，具有成本低、经济性好的特点，但是对图像的记录不够直观、准确，只能绘制形状较为简单的试件和缺陷。

2. 照片记录

使用普通照相机对观察发现的问题进行拍摄,将它记录在感光胶片上,通过冲洗得到便于观察的照片;或用数码相机拍摄,记录在存储介质上,通过计算机屏幕观察,也可以再感光到普通感光胶片上冲洗成照片后,进行观察分析。照相记录具有图像清晰直观、真实、成本低、经济性好等特点。但是所记录的图像往往比实际的缺陷小,有时受环境、背景的影响较难一次全面记录缺陷。

3. 录像记录

使用普通摄像机对观察发现的问题进行拍摄或对整个检测区域进行拍摄,将所摄图像记录在磁带或储存器上,然后通过放录系统重现所摄图像,其具有图像清晰、直观、真实等特点,但是使用摄像机要有较高的专业技能,否则所摄图像容易产生抖动,模糊等现象。

4. 腹膜记录

使用特种材料如橡皮泥、胶状树脂等对缺陷进行印膜,适用于记录表面不规则类缺陷,其记录的印膜与真实缺陷凹凸相反,大小相同,有助于缺陷大小深度精确测量和永久保存。使用腹膜记录对操作者有较高的要求,揭膜时必须小心以防印膜损坏。

## 复 习 题

1. 目视检测的必要条件是什么?
2. 什么是灰卡?有何用途?
3. 目视检测的分辨率要求有哪些?
4. 简述试件的表面准备要求。
5. 目视检测方法有哪两种?适用哪些场合?应达到的分辨率是多少?

# 第5章 零部件及原材料目视检测

## 5.1 焊接件

### 5.1.1 焊接基本知识

焊缝的目视检测惯穿于焊件的加工开始之前，加工过程中，加工完成后，定期在役检查，在役检查中发现的缺陷修理以后进行。在其他的表面检查或体积检查之前，在合适的条件下，预先进行目视检查可能发现较大的缺陷。从事焊缝的目视检查，必须对焊接基础知识有一定的了解。

1. 焊接的定义与特点

（1）焊接的定义 焊接是通过加热或加压或两者并用，使用或不用填充材料，使工件达到结合的一种方法。金属焊接是指通过适当手段，使两个分离的金属物体产生原子（分子）间结合而连成一体的连接方式。

（2）焊接的优点 焊接与螺钉连接、铆接、铸造及锻造相比具有下列优点：

1）节省金属材料、减轻结构重量，且经济性好。

据统计，焊接结构比铆接结构重量可减轻 15%～20%，比铸件轻 30%～40%，比锻件轻 30%。

2）简化了加工与装配工序，生产周期短，生产效率高。

3）结构强度高，接头密封性好。

焊接结构接头密封性比铆接和铸件好得多。因此，焊接的容器能充分满足高温、高压条件下对强度和密封性的要求。

4）为结构设计提供较大的灵活性。可以按结构的受力情况优化配置材料，按工程需要在不同部位选用不同强度、不同耐磨、耐腐蚀及高温等性能的材料。例如，以碳钢为基材，堆焊不锈钢衬里层制作的容器既可保证设备的耐腐蚀性，又节省了大量的贵重金属材料和资金。

5）用拼焊的方法可以大大突破铸锻能力的限制，可以生产特大型锻—焊、铸—焊结构，提供特大、特重型设备、毛坯，促进了国民经济的发展。

6）焊接工艺过程容易实现机械化和自动化。

（3）焊接的局限性

1）用焊接方法加工的结构容易产生较大的焊接变形和焊接残余应力，从而影响结构的承载能力、加工精度和尺寸稳定性，同时在焊缝与焊件交界处还会产生应力集中，对结构的疲劳断裂有较大影响。

2）焊接接头中存在着一定数量的缺陷，会降低结构强度，引起应力集中，损坏焊缝致密性。

3）焊接接头具有较大的性能不均匀性。由于焊缝的成分及金相组织与母材不同，接头各部位经历的热循环不同，使接头不同区域的性能不同。

4）焊接生产过程中产生高温、强光及一些有毒气体，对人身体有一定的损害。因此要加强焊接操作人员的劳动保护。

2. 焊接方法的分类

根据焊接过程的特点，习惯把金属的焊接分为熔焊、压焊和钎焊三大类。

（1）熔焊　使被连接的结构件接头处局部加热熔化成液体，然后再冷却结晶成一体的方法称为熔化焊，简称熔焊。

（2）压焊　利用摩擦、扩散和加压等物理作用，克服两个连接表面的不平度，除去氧化膜及其他污染物，使两个连接表面上的原子相互接近到晶格距离，从而在固态条件下实现的连接统称固相焊接。固相焊接时通常都必须加压，因此称压力焊，简称压焊。

（3）钎焊　采用熔点比母材低的金属作钎料，将焊件和钎料加热至高于钎料熔点，但低于母材熔点的温度，利用毛细作用使液态钎料润湿母材，填充接头间隙，并与母材相互扩散连接焊件的方法称为钎焊。

常见焊接方法及分类如图 5-1 所示：

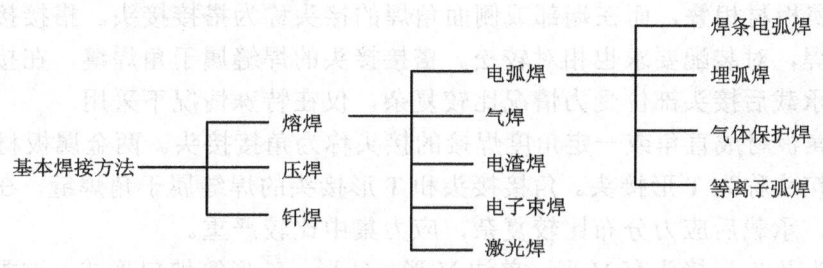

图 5-1　常见焊接方法及分类

3. 焊接接头

（1）焊接接头形式　焊接接头形式一般由被焊接金属件的相互结构位置来决定，通常分为对接接头、搭接接头、角接接头和 T 形接头等（见图 5-2）。

图 5-2　焊接接头形式

a）对接　b）搭接　c）角接　d）T 形接头

(2) 焊接接头坡口形式 对接焊缝是最常见的接头形式，其结构基本上是连续的，承载后应力分布比较均匀，在工程构件上大量使用。所谓对接焊缝是指将两金属件置于同一平面（或曲面内）使其边缘相对，沿边缘直线（或曲线）进行焊接的接头。对接焊缝的坡口形式可分为Ⅰ形坡口、Y形坡口、X形坡口、单U和双U形坡口等种类（见图5-3）。

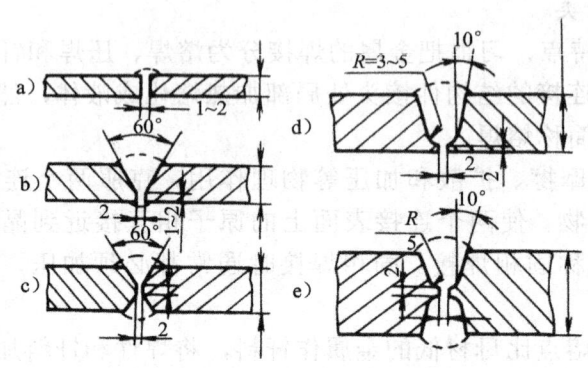

图5-3 坡口基本形式

a）Ⅰ形坡口 b）Y形坡口 c）X形坡口 d）单U形坡口 e）双U形坡口

两块金属板材相叠，而在端部或侧面角焊的接头称为搭接接头。搭接接头不需要开坡口即可施焊，对装配要求也相对较松。搭接接头的焊缝属于角焊缝，在接头处结构明显不连续，承载后接头部位受力情况比较复杂，仅在特殊情况下采用。

两块金属板材成直角或一定角度焊接的接头称为角接接头。两金属板材成T形形焊接在一起的接头称为T形接头。角接接头和T形接头的焊缝属于角焊缝，在接头处结构是不连续的，承载后应力分布比较复杂，应力集中比较严重。

角接接头及T形接头有V形、单边V形、U形、K形等坡口形式。这类焊接接头有全焊透或部分焊透之分。

4．焊接接头的组成

焊接接头由焊缝、熔合区和热影响区三部分组成。焊缝是焊接件经焊接后由熔化的母材和焊材组成的部分（图5-4）。熔合区是焊接接头中焊缝与母材交接的过渡区域，它是刚好加热到熔点与凝固温度区间的部分。热影响区是焊接过程中，材料因受热的影响（但没有熔化）而发生金相组织和力学性能变化的区域。热影响区的宽度受焊接方法、焊接时的电流、金属板材的厚度以及焊接工艺等因素的影响。

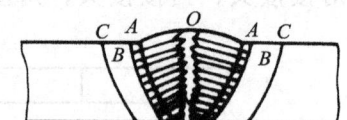

图5-4 焊接接头示意图

5．常见焊接缺陷

金属材料在焊接过程中，由于材料性能、焊接工艺、温度等原因，会产生各种缺陷，这些缺陷大致可分为：外观缺陷、裂纹、气孔、夹渣、未熔合和未焊透、其他缺陷等六类。

（1）外观缺陷

1）咬边。咬边是指沿着焊趾，在母材部分形成的凹陷或沟槽（图 5-5）。它是由于电弧将焊缝边缘的母材熔化后没有得到熔敷金属的充分补充而留下的缺口。咬边又分连续咬边和局部咬边或焊缝单侧和双侧咬边。

2）焊瘤。焊缝中的液态金属流到加热不足未熔化的母材上或焊缝根部溢出，冷却后形成的未与母材熔合的金属瘤（图 5-6）。

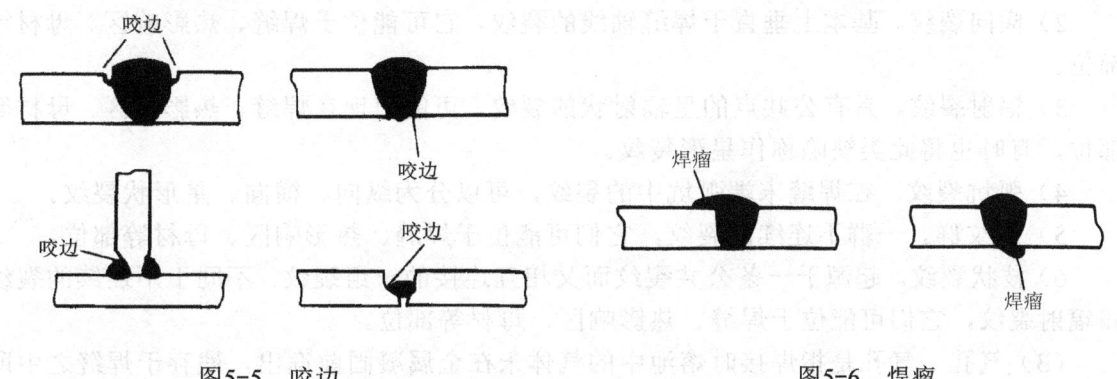

图5-5　咬边　　　　　　　　　　　　　　图5-6　焊瘤

3）成形不良。指焊缝的外观几何尺寸不符合要求。有焊缝余高超高、表面不光滑、焊缝过宽、焊缝向母材过渡不圆滑等（图 5-7）。

4）错边。错边是指两个工件在厚度方向上错开一定的位置（图 5-8）。

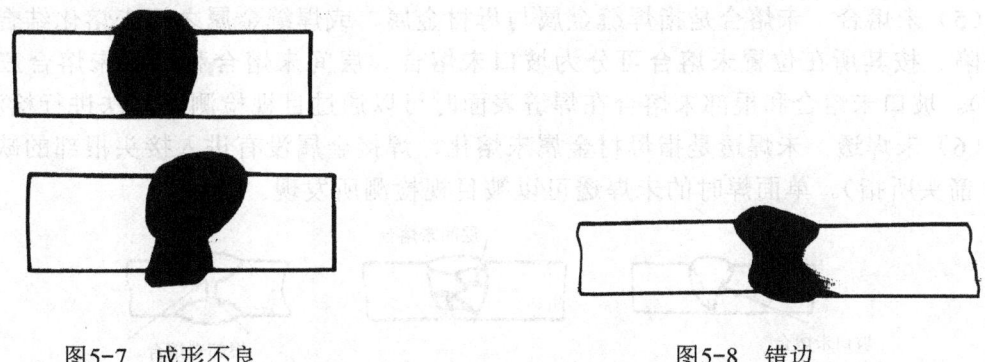

图5-7　成形不良　　　　　　　　　　　　图5-8　错边

5）凹坑。凹坑是指焊缝表面或背面局部低于母材的部分（图 5-9）。

6）烧穿。烧穿是指焊接过程中，熔深超过焊件厚度，熔化金属自焊缝背面流出，形成穿孔性缺陷（图 5-10）。

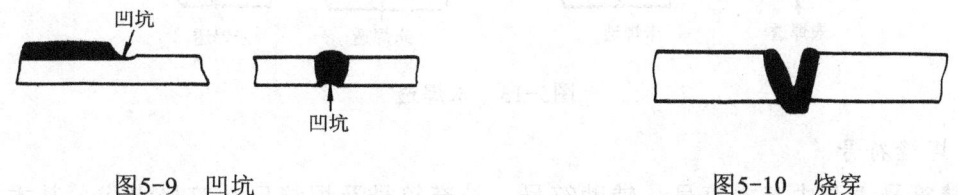

图5-9　凹坑　　　　　　　　　　　　　　图5-10　烧穿

7）塌陷。单面焊时由于输入热量过大，熔化金属过多而使液态金属向焊缝背面塌落，形成后焊缝背面突起，正面下塌（见图5-11）。

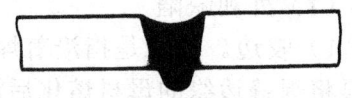

图5-11 塌陷

（2）裂纹 焊缝中原子结合遭到破坏，形成新的界面而产生的缝隙称为裂纹。

1）纵向裂纹。基本上平行于焊缝轴线的裂纹，它可能位于焊缝、熔合线、热影响区、母材等部位。

2）横向裂纹。基本上垂直于焊缝轴线的裂纹，它可能位于焊缝、热影响区、母材等部位。

3）辐射裂纹。具有公共点的呈辐射状的裂纹，可能出现在焊缝、热影响区、母材等部位，有时也将此类缺陷称作星形裂纹。

4）弧坑裂纹。在焊缝末端弧坑中的裂纹，可以分为纵向、横向、星形状裂纹。

5）裂纹群。一群不连续的裂纹，它们可能位于焊缝、热影响区、母材等部位。

6）枝状裂纹。起源于一条公共裂纹而又相互连接的一组裂纹，不同于不连续的裂纹和辐射裂纹，它们可能位于焊缝、热影响区、母材等部位。

（3）气孔 气孔是指焊接时熔池中的气体未在金属凝固前逸出，残存于焊缝之中所形成的空穴。其气体可能是熔池从外界吸收的，也可能是焊接冶金过程中反应生成的。存在于焊缝表面的气孔称为表面气孔（目视可见）。

（4）夹渣 夹渣是指焊后熔渣残存在焊缝中的现象。夹渣分金属夹渣和非金属夹渣。在焊缝表面形成的夹渣称为表面夹渣。

（5）未熔合 未熔合是指焊缝金属与母材金属、或焊缝金属之间未熔化结合在一起的缺陷。按其所在位置未熔合可分为坡口未熔合、层间未熔合和根部未熔合三种（图5-12）。坡口未熔合和根部未熔合在焊缝表面时可以通过目视检测的方法进行检测。

（6）未焊透 未焊透是指母材金属未熔化，焊接金属没有进入接头根部的缺陷（图5-13箭头所指）。单面焊时的未焊透可以被目视检测所发现。

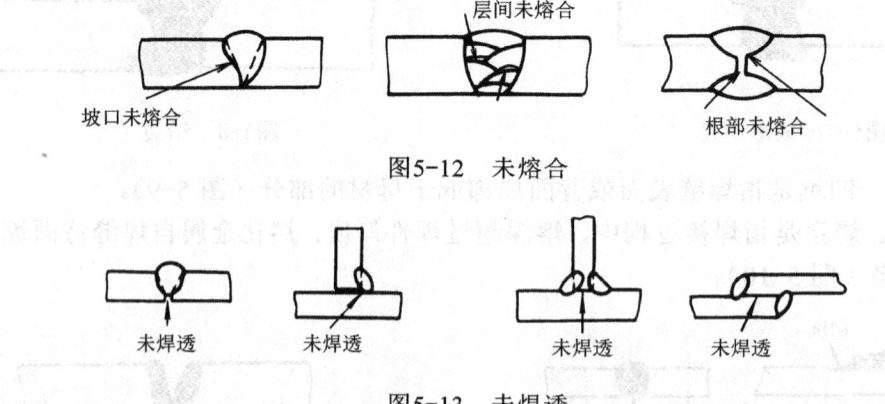

图5-12 未熔合

图5-13 未焊透

6. 焊缝符号

焊缝符号主要由基本符号、辅助符号、补充符号及焊缝尺寸符号组成，基本符号是表示焊缝剖面形状的一种符号，如"V"表示V形焊缝，"✓"表示单边V形焊缝；"U"表示U形焊缝；"△"表示角焊缝；"Y"表示带钝边V形焊缝；"○"表示点焊等。

辅助符号是表示对焊缝的辅助要求的一种符号。如提出对焊缝表面形状和焊缝如何布置等要求，均可以用辅助符号表示，不需要确切说明焊缝的表面形状时，可以不用辅助符号。如"—"表示焊缝表面应齐平、"⌣"表示焊缝表面为凹面、"⌢"表示焊缝表面为凸面。

补充符号是为了补充说明焊缝的某些特征而采用的符号。如周围焊缝符号"○"表示环绕工件周围的焊缝；带垫板符号"□"表示焊缝底部有垫板；三面焊缝符号"⊏"表示三面带有焊缝；现场符号"▶"表示在现场或工地上进行焊接。

焊缝尺寸一般包括：工件厚度、焊缝宽度、坡口角度、坡口深度、根部间隙、焊缝长度、钝边高度、焊脚尺寸、焊缝间距、余高等。

一般来说焊缝符号在工程图样上表示方法如图5-14，引出线由横线、指引线和箭头三部分组成，指引线和箭头应指到有关焊缝处，焊缝符号及尺寸标注在横线上，必要时，可在横线的末端加一尾部，作为其他说明用（如焊缝分法等）。

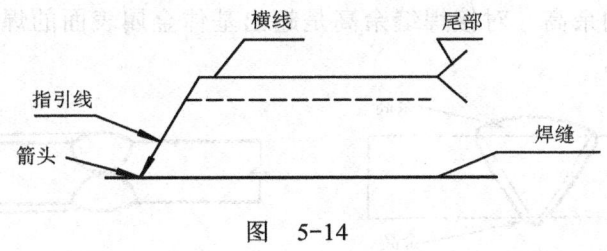

图 5-14

### 5.1.2 焊缝目视检测一般要求

目视检测应按照经认可的一套文件（如检验规程、工艺流程卡等）的规定实施。这些文件应包括下述内容：

1) 如何执行目视检验。
2) 表面状况。
3) 用于表面做准备的方法或工具。
4) 使用直接的还是间接的观察。
5) 使用的特殊照明、仪器或设备。
6) 执行检验次序。
7) 记录表。
8) 报告形式。

在实施检查之前，必须准备如下所列的基本设备：人工光源、反光镜、放大镜、直角尺、焊缝检验尺等。被检的表面应没有油漆、油污、焊接飞溅物，或其他妨碍表面检测的异物，表面准备还得有助于随后进行的无损检测，检测区域通常包括100%可接近的暴露表面，包括整个的焊缝表面和邻近的25mm宽的基体金属表面。

当被检区域可接近时，采用直接目视检验。不用辅助工具时，眼睛距被检测物表面之距小于 600mm，与被检表面所成视角不小于 30°，可以使用反光镜来改善视角。无论是有自然光源还是人工光源，要有足够强度，布置恰当，必须满足被照明区域的要求，能分辨 18%中性灰卡上 0.8mm 宽的黑线或置于被检物表面上的 0.8mm 宽的黑线。

如果检测人员不可接近，或距离上可接近，但检测人员可能受伤，则应进行间接目视检查。

### 5.1.3 焊缝缺陷的目视检查

焊缝工艺要求高水平的技术，完成焊接的质量取决于焊接过程中焊接工程师规定的一系列参数、焊工的技术水平、工作责任心和检测过程的质量保证。目视检测的目的在于鉴别表面缺陷，这些可能影响到部件的运行寿命。其他的无损检测需要高级的、先进的设备，而目视检查与它们不同，目视检验所需的基本工具是锐利的眼睛，并且具有真正识别有关缺陷的能力。

**1. 焊缝轮廓缺陷**

焊缝上存在不符合图样或技术说明书要求的差异，或尺寸不符合，或形状不符合，这些差异包括：

（1）对接焊缝的余高  对接焊缝余高是超出基体金属表面的焊接金属，表面与根部余高如图 5-15 所示。

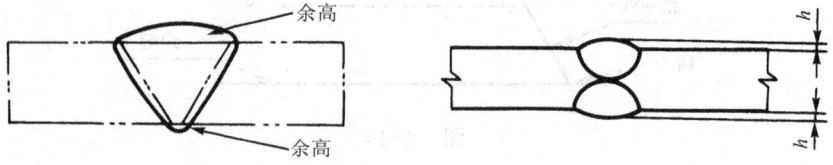

图5-15  对接焊缝余高

用于测量余高的焊接检验尺有多种，图 5-16 表示两种量规。对每一条焊缝，量规的一个脚置于基体金属上，另一个脚与余高的顶接触，则在滑尺上可读出余高高度。为了能符合大多数验收标准，量规的读出精度一般不应低于 0.8mm。

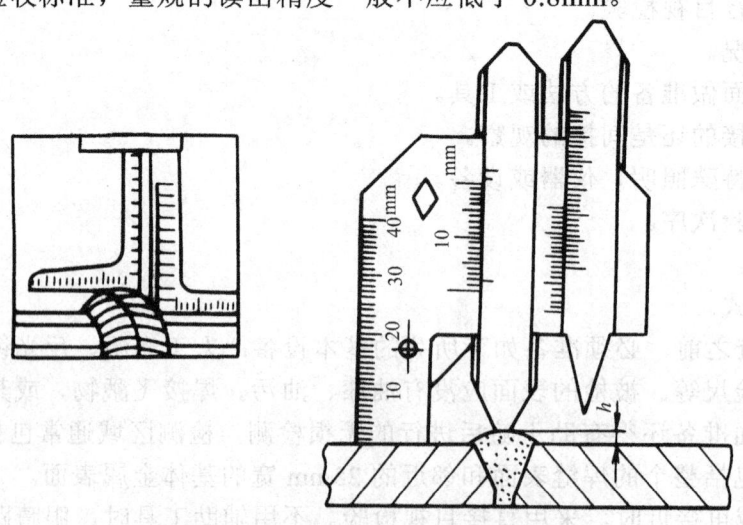

图5-16  对接焊缝余高的两种测量方法

（2）对接焊缝宽度　对接焊缝宽度是指焊接成形后上表面焊缝横向的几何尺寸。测量焊缝宽度可以使用直尺或焊缝检验尺。使用焊缝检验尺测量焊缝宽度时，先用主体测量角靠紧焊缝一边，然后旋转多用尺的测量角紧靠焊缝另一边，读出焊缝宽度示值（见图 5-17）。

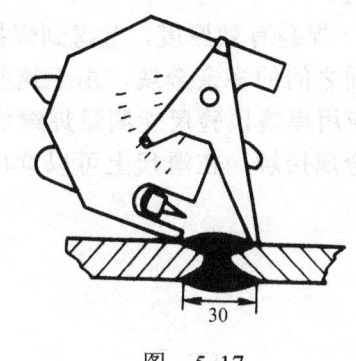

图　5-17

（3）角焊缝尺寸　角焊缝的尺寸主要用焊脚来表示。焊脚的定义为：角焊缝横截面内，从一个板的焊趾至另一个板件表面的垂直距离，如图 5-18 所示。焊脚可用焊接检验尺或高-低规测量，如图 5-19 所示。

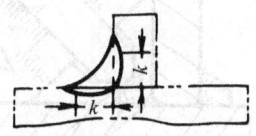 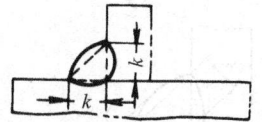

图5-18　焊脚等高的角焊缝

（4）角焊缝厚度　如图 5-20 所示，角焊缝厚度尺寸通常要求以三个不同的焊接厚度术语表示，了解它们的定义对目视检验十分重要。

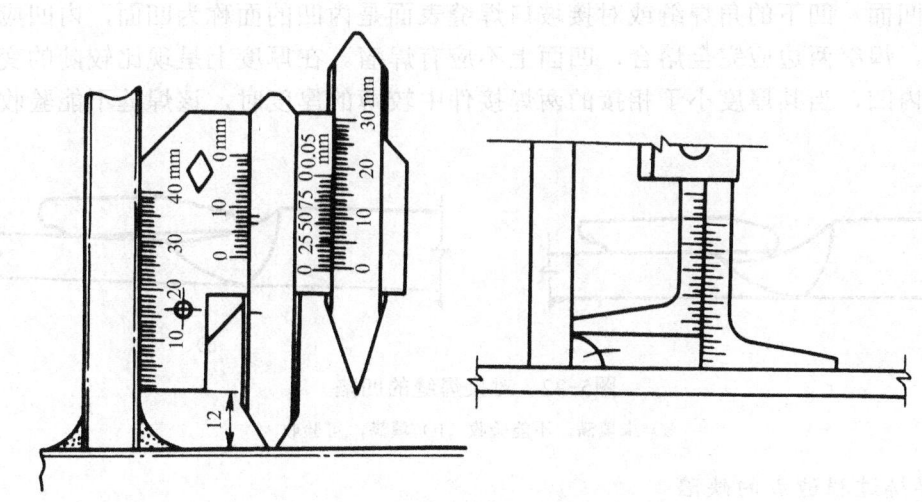

图5-19　角焊缝焊脚尺寸测量

1）焊缝计算厚度定义为焊脚尺寸的 0.707 倍。

2）焊缝实际厚度是从焊缝的根部到焊缝的顶面最短距离，它必须等于或大于焊脚尺寸的 0.707 倍。由于目视检验不可能接近角焊缝的根部区域，不考虑向基体金属的渗透。

3）焊缝有效厚度，考虑到焊接金属向基体金属内的渗透，但是忽略了理论表面与实际表面之间的多余金属，由于这些情况，目视检验人员不考虑焊缝有效厚度。

应用焊缝检验尺能测量焊缝实际厚度，如图 5-21 所示，量规的两垂直表面与角接的基体金属接触，在滑尺上可以读出焊缝厚度值。

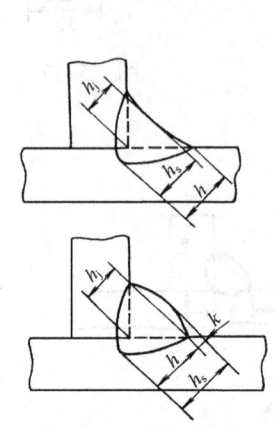

图5-20 角焊缝的厚度 　　　　　　　　　图5-21 用焊接检验尺测量焊缝实际厚度

$h$—焊缝厚度　　$h_s$—焊缝实际厚度　　$h_j$—焊缝计算厚度　　$k$—余高

（5）凹面　　凹下的角焊缝或对接坡口焊缝表面是内凹的面称为凹面，内凹应该是光滑的过渡，焊缝两边应完全熔合，凹面上不应有焊瘤。在厚度上呈现比较陡的变化。对接焊缝的内凹，当其厚度小于相接的两焊接件中较薄的厚度时，该焊缝不能验收，如图 5-22。

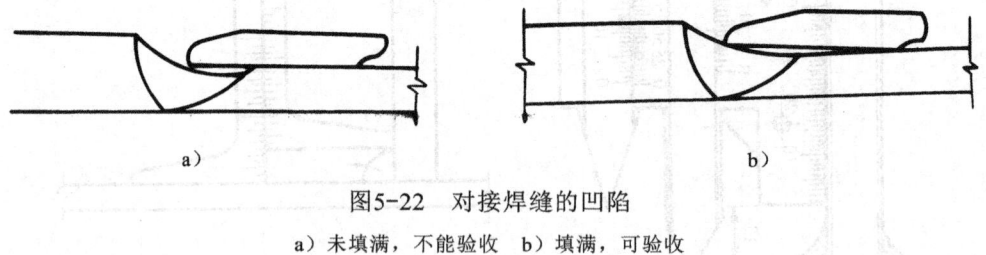

图5-22 对接焊缝的凹陷

a）未填满，不能验收　　b）填满，可验收

**2. 焊接过程造成的缺陷**

缺陷是一种干扰，影响到焊缝内部或表面的牢固性，这些缺陷包括：

（1）气孔　如图 5-23 所示。

气孔一般呈球状，通常看到气孔呈均匀分布、成群分布、虫孔状分布或线性分布，均匀散布的气孔由单独的空穴组成，其直径大小可由微观尺寸直至 3mm 或更大，成群的气孔是一组小的、局部的空穴，线性气孔曲线出现在根部。

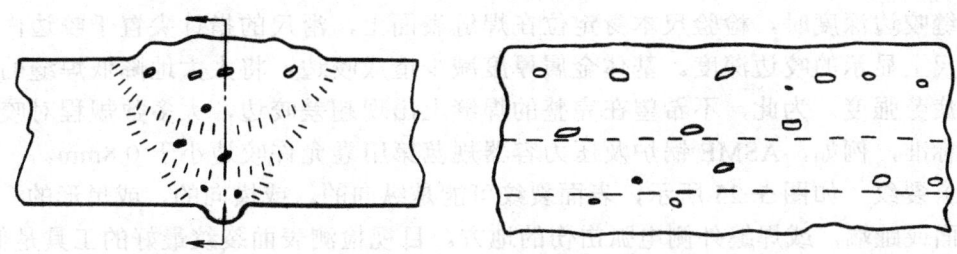

图5-23 气孔

如果检验区域照明足够的话，表面气孔通常可用裸眼观察到。制定气孔的验收标准，即可基于单个气孔的最大直径，单位面积气孔的数目（如气孔小于规定尺寸）；也可基于单位面积上密集气孔的直径，用精度等于或高于 0.8mm 的直尺进行测量，也可用低倍放大镜帮助测量气孔的大小。

（2）焊瘤　焊瘤或冷折叠，是焊缝距趾端或根部上的焊接金属的凸起，因为焊缝凸起与基体金属之间形成的沟槽容易产生集中应力，所以在完整的焊缝上一般不允许焊瘤。通过目视检测可确定焊瘤是否存在，在焊缝的趾端目检焊缝金属到基体金属的过渡区域，过渡区域应是光滑的，没有任何焊接金属翻叠，应考虑焊接金属与基体金属之间的交点处对焊接金属的切线。如果不存在焊瘤，切线与基体金属之间的夹角将等于或大于 90°，如果存在焊瘤，切线与基体金属之间的夹角将小于 90°，如图 5-24 所示。

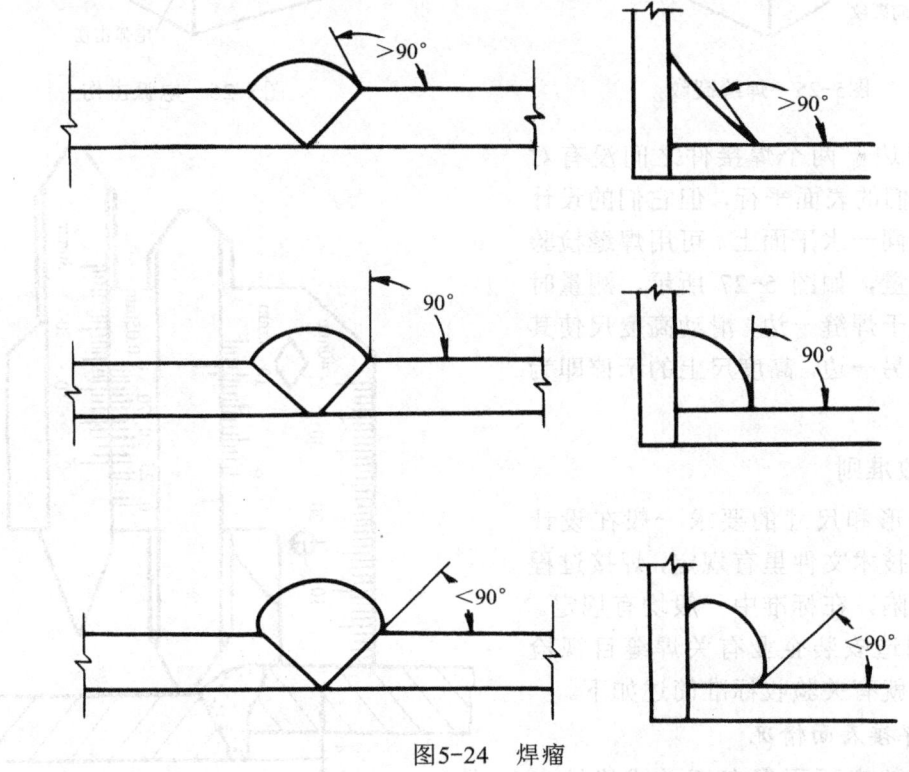

图5-24 焊瘤

（3）咬边　可以用焊接检验尺测量对接焊缝的咬边深度，如图 3-19、图 3-20 所示。

测量焊缝咬边深度时，检验尺本身定位在焊缝表面上，滑尺的指针尖置于咬边内，然后读出滑尺上显示的咬边深度。基体金属厚度减少造成咬边，将大大地降低焊缝的强度，尤其是疲劳强度。为此，不希望在完整的焊缝上出现超差咬边，大多数规程对咬边规定可验收标准，例如，ASME锅炉及压力容器规范第Ⅲ卷允许咬边小于0.8mm。

（4）裂纹　如图5-25所示，表面裂纹可能是纵向的，或横向的，或星形的，出现在焊缝表面或趾端，或焊缝外侧电弧击伤的地方。目视检测表面裂纹最好的工具是低倍（5倍）放大镜，检验时应仔细观察焊缝表面，一般不允许有可见的表面裂纹。对可疑的裂纹不能确定时可要求进行表面渗透或磁粉检测进行确认。

（5）电弧击伤　如图5-26所示，电弧击伤由基体金属或焊缝非迅速加热，且随后熔融金属的迅速冷却而引起，基体金属的熔化和填充金属的堆积往往伴有电弧引起的电弧击伤。电弧击伤也可能由于电焊时地线夹子连接不当引起，电弧击伤时，引起极高的热量，在局部地区造成了高的硬度和裂纹。

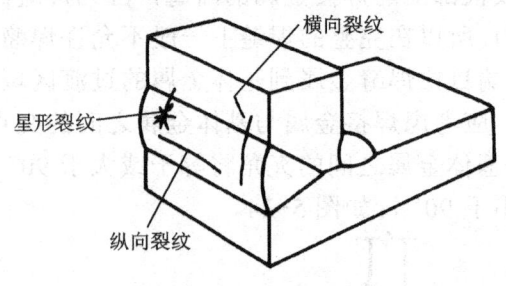

图5-25　焊缝裂纹

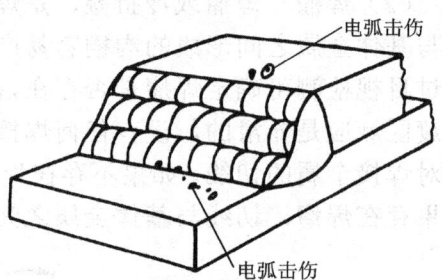

图5-26　电弧击伤

（6）错边　两个焊接件之间没有对齐，虽然它们的表面平行，但它们的设计表面没有在同一水平面上。可用焊缝检验尺测量错边量，如图5-27所示，测量时先用主体置于焊缝一边，滑动高度尺使其置于焊缝的另一边，高度尺上的示值即为错边值。

### 5.1.4　验收准则

焊缝外形和尺寸的要求一般在设计图样或工艺技术文件里有规定，焊接过程中产生的缺陷，在标准中一般均有规定。现在以某制造安装企业有关焊缝目视检验为依据，就有关验收标准简述如下。

**1. 被焊接表面情况**

被焊接的表面不得有折叠或线性夹渣，否则导致焊缝通不过随后的无损检

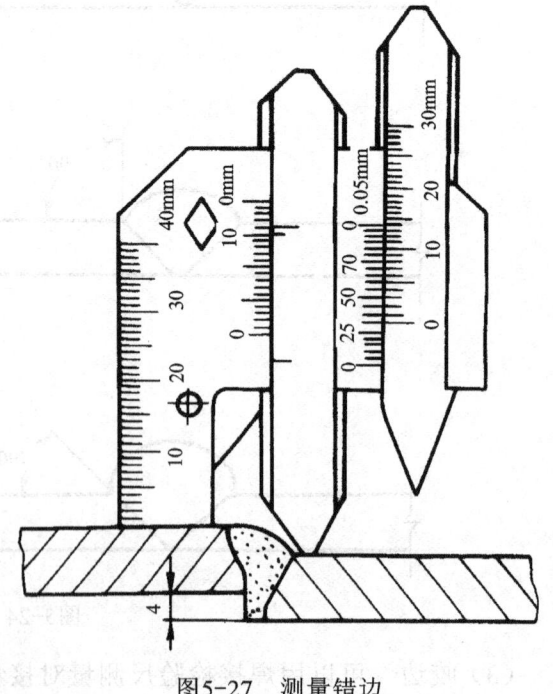

图5-27　测量错边

验。焊缝表面和坡口相邻的区域（宽度为 2mm）的加工表面，应清洁，无油污、无氧化皮和铁锈等，符合无损检验要求。

2．组装后状态

定位焊焊缝无裂纹。

3．焊接后状态

焊后状态不允许有下列缺陷：

1）裂纹、未熔合、未焊透。

2）超过下列规定的表面气孔。

① 呈直线分布且边到边的距离小于或等于 1.6mm 时，4 个或 4 个以上的大于 0.8mm 的气孔。

② 对于最不利位置的缺陷，在 150mm 范围内的焊缝表面，10 个或 10 个以上的大于 0.8mm 的气孔。

③ 体积形缺陷最大直径不超过 3.2mm。

3）余高。

① 对于容器、泵、阀门、罐的焊缝内外表面余高的高度不超过表 5-1 规定的范围。

表 5-1　容器、泵、阀门、罐的焊缝内外表面余高范围

| 壁 厚/mm | 最 大 余 高/mm |
|---|---|
| ≤25.6 | 2.4 |
| 25.6～52 | 3.2 |
| 52～78 | 4.0 |

② 对于管道双面焊焊接接头，表 5-2 中第一列的余高范围适合于此接头的内外表面；单面焊对接接头，表 5-2 中第一列的适用于焊缝外表面，第二列的余高范围适用于内表面。

表 5-2　管道焊缝内外表面余高范围

| 壁 厚/mm | 最 大 余 高 / mm | |
|---|---|---|
| | 焊缝外表面 | 焊缝内表面 |
| ≤3.2 | 2.4 | 2.4 |
| 3.2～4.8 | 3.2 | 2.4 |
| 4.8～12.6 | 4.0 | 3.2 |
| 12.6～25.6 | 4.8 | 4.0 |
| 25.6～52 | 6.3 | 4.0 |
| 大于 52 | 大于 6.3mm 且不超过焊缝宽度的 1/8 倍 | |

4）咬边和根部凹陷。咬边深度不超过壁厚的 10%且不超过 0.8mm，根部凹陷不超过所需的最小截面厚度。

5）组对部件的错边量。组对部件焊接后的最大错边量应不超过表 5-3 中的范围。

表 5-3 组对部件焊接后的最大错边量　　　　　　　　　（单位：mm）

| 壁　厚 | 纵　向 | 环　向 |
|---|---|---|
| ≤12.6 | $t/4$ | $t/4$ |
| 12.6~19 | 3.2 | $t/4$ |
| 19~38.4 | 3.2 | 4.8 |
| 38.4~52 | 3.2 | $t/8$ |
| 大于 52 | 小于 $t/16$ 且小于 9.6 | 小于 $t/8$ 且小于 19 |

$t$ 为最薄部件的厚度

焊渣、咬边、电弧击伤以及此类可能影响无损检验结果判断的情况应避免，影响随后进行无损检验的表面不规则应予清除。

6）角焊缝是凹面的。焊缝边缘多余熔敷金属造成的焊瘤对应拒收。

7）未焊满拒收。

8）凹陷、弧坑、蜂窝状气孔及类似的缺陷不予验收。

9）焊缝表面存在裂纹不予验收。

### 5.1.5　结果记录和报告

检验结果应详细记录，采用按规程制定的表格进行记录，记录可以是书面形式也可以是电子文件。这些记录表至少包括下列项目：

1）设备的名称及识别号。

2）被检件名称、代号以及材料牌号。

3）采用的检测文件的名称和编号。

4）检测时间。

5）使用的仪器设备及其编号。

6）结果记录和分析。

7）检测人员的姓名及资格等级。

8）检测日期及检测人员签名。

9）业主的签名。

## 5.2　铸件

铸件是指将熔化的液体金属浇注到与零件形状和尺寸相适应的铸型空腔中，待其冷却凝固，以获得的毛坯或零件。铸件中常见的表面缺陷如下：

（1）粘砂　砂型的砂粒粘附在铸件表面上构成的缺陷。

（2）气孔　在铸件表面上可能呈现的凹陷，它们是金属凝固过程中，由于气体的压力超过该处金属的压力所造成的。

（3）缺肉　金属没有充满型腔，由此产生出不够完整的铸件。

（4）错箱  铸件在砂箱分界线上的失配或印型芯位置变化以及组装时因型芯偏心而改变了规定的有型芯的截面尺寸。

（5）缩陷  由于不能补偿在凝固过程中出现的体积收缩而在铸件中造成的空洞，大而集中的空洞称为缩孔，细小而分散的空洞称为疏松。

（6）热撕裂  在完全凝固前因收缩受到限制而形成的裂纹或断裂。

## 5.3 锻件

锻件是指利用锻压设备上的锤头或模具对金属件施力产生塑性形变，所得到的形状、尺寸和性能都符合要求的制件。钢铁材料及非铁金属锻件中最常见的缺陷可能是由铸锭的原始状态，铸锭的随后热加工，锻造时的冷热加工引起的。

### 5.3.1 钢锻件中常见的表面缺陷

1）毛细裂纹。金属轧制时，将钢锭内的皮下气泡碾长后破裂形成的。

2）折叠。金属变形过程中已氧化的表层与金属混合在一起而形成的。

3）结疤。浇铸时，钢液由于飞溅而凝结在钢锭表面，轧制时被压成薄膜而贴附轧材表面，即为结疤。

4）龟裂。锻件表面出现较浅的龟状裂纹。

5）裂纹。锻件中的表面裂纹有冷却裂纹、腐蚀裂纹、发纹等多种形式。

6）几何尺寸偏差。

### 5.3.2 铝合金锻件中常见的表面缺陷

铝合金锻件中的常见的表面缺陷有折叠、重皮、裂口、裂纹、穿流及表面浅洼型缺陷、氧化膜等。

## 5.4 板材

根据板材的材质不同，板材分为钢板、铝板、铜板等。实际生产中钢板应用最为广泛，因此这里以钢板为例介绍钢板中的常见缺陷。

钢板是由板坯轧制而成，而板坯又是由钢锭轧制或连续浇铸而成。钢板中常见表面缺陷有分层、折叠、裂纹、腐蚀坑。

（1）分层  分层是板坯中缩孔，夹渣等在轧制过程中未密合而形成的分离层。

（2）折叠  折叠是钢板表面局部形成互相折合的双层金属。

（3）裂纹  板坯原有缺陷在轧制过程中被扩大延伸至表面所形成的裂纹。

（4）结疤  板坯上粘附的金属在轧制中嵌入板材表面，形成不熔合的金属。

（5）凹坑  氧化皮、夹杂物、结疤等剥落或受机械冲撞而留下的圆形、椭圆形、长条形或不规则形状的凹坑。

## 5.5 管材

### 5.5.1 管材的分类

横截面上的内孔和外轮廓线同心、同形状的具有较大长度的材料称为管材。管材的品种甚多。按其材料可分为钢铁材料管（简称钢管）、非铁金属管（如铜管、铝管等）、非金属管等；按其制造方法可分为铸造管、锻造管、热轧管、冷轧管、热拔管、冷拔管、热挤压管、冷挤压管、焊接管、复合管等，也可以简单分为无缝管和有缝管；按其尺寸可以分为大口径管、小口径管、厚壁管、中壁管、薄壁管、长管、短管等；按其形状可以分为圆管、椭圆管、矩形管、正方管、三角管、正方多边形管、直管、弯管等；按其用途可以分为锅炉压力容器用管、液体输送用管、冷凝和热交换用管、船用、航空用管、核电用管、建筑工程用管等。

管材目视检测的目的主要在于检测管材表面缺陷并给予评价，借以起到保证产品质量，使用的安全可靠性和降低制造成本，提高经济与社会效益的作用。

### 5.5.2 管材中常见的表面缺陷

**1. 铸造管**

（1）气孔　金属凝固时金属液和模型逸出的气体残留于管表面，并超过该处金属压力形成的气孔。常表现为半球形、椭圆形或蝌蚪形等空腔，呈单个分散型、多个密集型和链状分布。

（2）残余缩孔　凝固收缩力过大，于冒口部位产生残余缩孔，常呈漏斗状空洞。空洞表面可能完全是枝晶状而且凹凸不平，但也可能是很光滑的。

（3）缺肉　金属液没有完全充满型腔，形成缺肉，多见于液流最后抵达的部位。

（4）裂纹　金属凝固期间或以后形成的冷裂纹和接近凝固温度时形成的热裂纹，若它们的始发端或终止端在管的表面，称为表面裂纹。热裂纹主要产生在截面过渡区或其附近，不一定相连，往往成群出现且略有曲折。而冷裂纹则较为平直，缝隙较小。

（5）砂眼　粘结在管表面的砂粒，清洗后留下的小凹坑，常呈密集分布。

**2. 无缝钢管**

（1）起皮　起皮是管壁内孔中的气体因膨胀而在管子表面上造成的凸起。

（2）擦伤　擦伤是用机械方法清除金属时造成的细长槽或坑。

（3）凹坑　凹坑是在生产过程中因除去了轧入表面的外来物质而留下的凹痕。

（4）划痕　因制造模具或芯棒粘有硬质金属块而使管表面产生细而贯通全长的直道，直道都有翘起的边缘。

（5）管端分层　管端分层是位于管坯端口的缺陷在制造过程中被压扁和延伸至端面与管表面平行将金属分离的一种缺陷。

（6）折叠　折叠是用轧制或其他方法加工时金属被叠压在管表面上又未熔合成牢固的金属重叠。

（7）结疤　结疤是粘附在管坯上的金属在拉拔时被压入管表面的镶面形缺陷。

（8）鳞皮　鳞皮是轧制或拉拔预热时过厚的氧化皮嵌入表面鱼鳞状的缺陷。

（9）发纹　管坯上微细气孔或非金属夹杂物被拉长所形成的连续或间断的发纹。

（10）裂纹　裂纹是管胚原有缺陷在拉拔过程中被扩大延伸至表面而形成的。

（11）多余物　多余物是外来物质粘在管表面，可能是固定的不熔合，也可能是非固定的。

3．焊接管

焊接管是用板材卷板后焊接而成的一种管材，在石油输送管道中大量使用焊管通常为大口径薄壁管。焊缝中的表面缺陷和板材中的表面缺陷在焊接管中都能发现。

## 5.6　检测要求

### 5.6.1　铸件检测要求

铸件的目视检测，一般都是在铸件清砂或出坯切掉冒口后立即进行，以尽快检查出主要缺陷，以便采取改正措施，降低废品率，这对于大批量生产的铸件有很大的经济意义。目视检测的内容，主要是外观质量和尺寸检测。所有能通过肉眼直接观察到的表面缺陷，如错箱、漏箱、缺肉、缩陷、表面裂纹、气孔、粘砂、凹凸不平、型芯错位等等，都应该在铸件相应的表面标出或做出记录，以便作为进一步检测的依据，或者用作对铸件的质量评定。

除直接观察外，还可以根据铸件的具体情况和技术条件，使用内窥镜对铸件内腔进行检测。

对于已经成形的铸件尺寸，无论是毛坯还是机加工件都要根据图样上尺寸进行检测，检测的工具通常用游标卡尺、千分尺、高度尺、刻度量具、样板等。

所有的观察和测量结果都应做好记录，形成正式报告，以便后续工作的开展和客观、真实反应铸件产品的质量。

### 5.6.2　锻件检测要求

锻件的目视检测，一般都是在锻件成形后立即进行，以尽快检查出主要缺陷，以便采取改正措施，提高产品的合格率。目视检测的内容主要是外观质量和尺寸测量。所有能通过肉眼直接观察到的表面缺陷，如裂纹、折叠、结疤、龟裂、凹凸不平等，都应该在锻件相应的表面标出或做出记录，作为进一步检测的依据，或者用作对锻件的质量评定。

对于锻件的几何尺寸可以用游标卡尺、高度尺、刻度量具、样板等，根据图样上的要求进行检测。

所有观察和测量结果都应做出记录，形成正式报告，以便客观、真实地反应锻件产品的质量，为后续加工提供依据。

### 5.6.3　钢板检测要求

钢板一般都是采购产品，进厂前都有厂方出具的产品合格证明文件。但是对钢板进行入厂检测也同样是非常有必要的和有现实意义的。钢板目视检测最常用的方法是用肉眼观察，以检测钢板的表面缺陷和表面粗糙度情况，对有缺陷的部位作出标记或作出记录，提供给后道工序作为依据。同样观察的结果应做出记录，形成正式报告。

#### 5.6.4 管材检测要求

1. 直接目视检测

凡是视线可直接到达的各种管的外表面，端面和口径大到容许检测人员进入的内表面，均可首选直接目视检测。对于肉眼不能分辨的微细缺陷或需要进一步研究分析缺陷形貌特征的，以及空间有限不允许以明视距离观察的管材可以借助放大镜进行观察。

2. 间接目视检测

小口径管内表面，由于人眼视力不可达，可借助内窥镜进行单人观察，也可以在内窥镜的目镜上接上监视器显示屏，在显示屏上观察被检管的内表面。这样显然要比通过目镜直接观察来得轻松，且有助于消除眼睛的疲劳和不舒服感，而且还可供多人一起观察和分析，因而能作出更为客观和公正的判断和评价。更为有意义和价值的是由光转换成的电信号经过一系列的处理和控制调节，整幅或局部图像可以放大，亮度或色度可以变化，以致细节与本底的对比度提高，像质优化。此外，经图像处理后的电信号还可反馈至电视录像机进行录像，因此这种观察技术能提供检测结果的永久记录和扫视的自动化。

3. 验收原则

从现有的各种各样管材的技术要求（验收标准）中可以看出，目视检测后的管材有以下几条验收原则。

1）凡管的内外表面存在裂纹、折叠、分层、发纹、结疤、气孔、夹杂物、未焊透、咬边、未熔合等缺陷时，均应拒收。

2）上述拒收的管所存在的各种缺陷如能以适当方法将它们完全清除，且清除深度不超过管的公称壁厚的负偏差时，则可重新作为合格品回用。

3）假如经分析确认管的缺陷是危害性较小的划痕、矫直痕迹、起皮、凹坑、皱皮、擦伤、碰毛，且只有个别分散存在和深度不大于管壁厚度的 4%~5%或最大深度不大于 0.2~0.5mm（视管的具体要求而定），则不必清除就可作合格品验收。

4）对清除深度超过规定值的管，也允许对缺陷处进行补焊修整，并重新目视检测和补充其他方法的无损检测评价，合格者也可准予回用。

## 5.7 其他目测检查

设备和部件运行一段时间后，按照相关标准或法规的要求，进行定期检查，评定设备和部件的安全状况，我们称这种检查为在役检查。

在役检查的目的在于：设备或部件在运行条件工作是否正常，各种安全附件工作是否可靠，确认设备或部件经过较长时间运行后，技术状态有无变化；为运行单位正确判断在役设备在下一个检验周期内能否安全使用,提供客观真实的依据。在役检查周期由相关标准给出,一些重要设备通常每年进行一次在役检查。

### 5.7.1 螺栓检查

**1. 螺栓中常见缺陷**

(1) 破裂  破裂可能发生在外部,也可能发生在内部,外部破裂往往出现在成形恶劣的地方或截面小的部位,典型的外部破裂如图5-28所示。

(2) 开裂  开裂一般是在制造紧固件原材料中固有的。它们通常是直线形的或光滑的曲线,一般平行于纵轴,如图5-29所示。

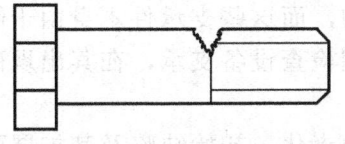
图5-28  螺栓根部破损

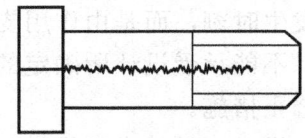
图5-29  螺栓开裂

(3) 重叠  重叠是一种金属分层,在锻造时形成。重叠发生在直径变化的界面上或界面附近。

(4) 加工痕迹  当加工工具在螺栓上面移动时,往往产生纵向的或周向的线槽。

(5) 裂口或损伤  螺栓表面上强力摩擦损伤或在制造期间,工件与别的零件或设备相碰撞所产生的痕迹。

(6) 斜裂纹  螺栓或螺母周边金属的开裂与其轴线大致成45°角。

(7) 缩颈  在过载情况下,试件某区段的局部截面缩小。

(8) 侵蚀  由于悬浮固态粒子的存在,加速了移动液体的擦拭作用,导致金属的损耗。

(9) 淬火裂纹  它是由于热处理不当引起的裂纹。

(10) 镀层剥落  有些螺栓表面涂有镀层,起到保护螺栓的作用,在使用过程中发生镀层脱离螺栓表面的现象。

**2. 检查要求**

(1) 表面清洗  螺栓目视检测要求表面清洁,没有油污,能对检测结果作出有效的解释,为此需用适当的方法对表面进行清洗。一般螺栓进行检测前,先用不锈钢刷或尼龙刷擦洗被检件表面,再用丙酮清洗。

螺栓、螺母或双头螺栓表面上的镀层必须保留,这些镀层是制造过程中涂上去的,目的是为了保护螺栓、螺母和双头螺栓,镀层很薄,通常不会影响对缺陷的分析。

(2) 检测方法  螺栓、螺母检查时一般是将其卸下来,进行直接目视检测。手电筒、螺纹规及放大镜是常用工具之一。

**3. 验收要求**

螺栓、螺母目视检测后有以下验收处理原则:

1) 发现有裂纹、开裂、破裂等缺陷应拒收。

2）在螺栓、螺母的螺纹啮合区域或形成斜裂纹或变形应拒收。
3）局部的均匀腐蚀，横截面减少不应大于5%。
4）螺栓的弯曲、扭转或变形不应导致装卸困难。
5）螺栓、螺母或垫圈流失或松动。
6）螺栓表面保护膜不应有剥落。
7）螺栓附近不应有泄漏痕迹。

#### 5.7.2 设备支承检查

管道系统承压容器和设备支承的破损是设备运行单位十分关注的事情。设备在承受异常载荷期间，设备支承必须吸收更多的运动和载荷。大多数设备支承破损并不始于异常事件发生时刻，而是由作用支承件的较小载荷引起的，而这些支承件本身由于缺陷或者老化，不能承受设计所确定的载荷。为此，必须定期检查设备支承，在其出现破坏之前采取修正措施。

（1）设备支承的常见异常　设备支承的异常可能由老化，初始缺陷及其扩展两者综合，过载等多种原因引起。设备支承的常见异常有：结构安置不当、物理损伤、过载、腐蚀、疲劳等。

（2）设备支承检查　一般对设备支承采用直接目视检测。检查重点是，承压边界的焊缝。支承的焊缝、基板的螺栓、腐蚀情况等。

#### 5.7.3 系统的泄漏检查

系统的泄漏检查可分为系统压力试验时的检查和系统运行后的定期检查。对于系统无保温层的设备，采用直接目视检测承压设备可接近的外露表面的漏迹。如果设备的外表面不能接近进行直接目视检测，只要求能检查其周围（包括地板或位于该设备下面的设备表面）的漏迹。对于系统有保温层的设备，可在不除去保温层情况下，对可接近的外露面和保温接头进行检查。对于基本上垂直的保温层表面，只需检查其可能发现漏迹而最低部分。对于基本上水平的保温层表面，只需检查每个保温层的接头。当有些设备的保温层外表面不能接近进行直接检查时，只要求能检查其周围区域（包括地板或位于该设备下面的设备表面）的漏迹，或检查其泄漏有可能渗透到其他区域。

## 复 习 题

1. 什么是焊接件，有何特点？
2. 焊接方式的分类及其特点有哪些？
3. 焊接接头的主要形式有哪些？
4. 焊接坡口的形式有哪些？
5. 焊接接头中常见的外观缺陷及其表现形式有哪些？
6. 什么是焊接裂纹，表面裂纹有哪些，各有什么特点？
7. 什么是焊接气孔？
8. 什么是表面夹渣？夹渣分哪两种？

9. 什么是未熔合、未焊透？
10. 焊缝代号的组成有哪些？
11. 焊缝目视检测的要求有哪些？
12. 如何进行焊缝余高测量及其验收要求？
13. 如何进行焊缝错边量测量及其验收要求？
14. 角焊缝的定义是什么？如何进行焊缝厚度、焊脚的测量？
15. 铸件中常见的缺陷及其检测要求有哪些？
16. 锻件中常见的缺陷及其检测要求有哪些？
17. 板材中常见的缺陷及其检测要求有哪些？
18. 管材中常见的缺陷及其检测要求有哪些？
19. 什么是在役检查？
20. 螺栓在役检查中常见的缺陷及其检测要求有哪些？
21. 焊缝在役检查中常见的缺陷及其检测要求有哪些？
22. 设备支承在役检查中常见的缺陷及其检测要求有哪些？

# 第6章 内窥镜检测技术

尽管针对产品可以采用多种不同无损检测手段,但目视检测仍然被认为是一种最方便、快速的表面检测方法。目视检测既可作为其他无损检测方法的补充完善,与之相互配合,也可以独立进行产品的检测。本章重点介绍目视检测技术中有关内窥镜检测的技术及要求。

内窥镜检测（也称孔探检查）技术是指利用内窥镜对人眼视力无法观察到的管道、容器、不可拆卸设备的内部、狭小缝隙的内表面、水油等液面以下区域进行观察检测的无损检测技术。内窥镜检查不但可以在不分解产品的情况下检查其装配的准确性,发现装配缺陷和装配中的多余物;而且可以对产品进行特定试验后进行内部完好情况的检查,对发现的缺陷进行长度及深度的测量;同时配合其他设备,可以在不拆卸机件的状态下清除多余物或对一些缺陷进行处理。尤其对于深孔制件或管形零件在非破坏条件下,通过内窥镜检测技术实现内部结构和内表面形态检测,它是产品质量控制最有效的手段之一。内窥镜检查是产品生产、装配、维护过程中重要的无损检测手段,是获得产品性能及质量监控的一个重要信息来源,是产品内部多余物控制的主要检测方法。

内窥镜检测具有使用方便、结果直观、费用低、速度快的特点,同时由于内窥镜本身具有放大作用,照明条件好,因此内窥镜检查对细节观察的灵敏度较高,很容易发现直径小于 0.2mm 多余物及深度 0.2mm 的凹陷。但是由于内窥镜检测易受被检产品的表面状态的干扰,导致误判,检测结果受检测人员主观因素影响大。另外内窥镜检测一次观察区域小,进行大面积检查效率低;柔性探头顺利到达指定位置有一定的难度。受探头制造工艺和技术水平的影响,直径小于 4mm 的探头分辨能力与实际需求尚有一定的差距,柔性探头的导向及弯曲度不能达到理想的要求,检测存在死角。

## 6.1 内窥镜选用

内窥镜检测是近年来随着内窥镜生产制造技术的发展而逐渐得到广泛应用的一项检测技术。内窥镜检测需要使用工业内窥镜（简称内窥镜）作为检测工具,工业内窥镜是为了满足工业复杂使用环境要求而专业设计生产的。根据制造工艺特点,我们一般把内窥镜分为直杆镜、光纤镜、视频镜三种类型。三种类型内窥镜性能比较见表 6-1。

管道镜是一种特殊形式的直杆镜,它可以采用由多杆组接的方式增加长度,有时可达 10m,探头最小直径一般与直杆部分相等,大约为 30mm,头部还可安装照相装置。多用于长且内径较大的直管、深孔如炮管等产品的检测。

管道爬行器是另一类特殊内窥镜检测系统,它是在专用爬行车上安装内窥镜头,爬行车通过电缆与外界主机联系,操作人员遥控指挥爬行车在管道内运动,将管道内情况传至主机上。管道爬行器进入管道距离可达几百至上千米,多用于内径 100mm 以上长管道的内窥镜检测。

表 6-1  三种类型内窥镜性能比较

| | 直杆镜 | 光纤镜 | 视频镜 |
|---|---|---|---|
| 结构特点 | 简单 | 简单 | 复杂 |
| 功能 | 少 | 少 | 多 |
| 弯曲度 | 不可弯曲 | 可弯曲 | 可弯曲 |
| 成像效果 | 好 | 受光纤数量的影响，有蜂窝现象 | 好 |
| 成像原理 | 光学成像 | 光学成像 | CCD数字成像 |
| 图像信号 | 光学信号 | 光学信号 | 电子信号 |
| 图像传递介质 | 玻璃透镜 | 柔性光导纤维 | 电线 |
| 耐用性 | 好 | 差 | 较好 |
| 可换镜头 | 不可换 | 可换 | 多种镜头互换 |
| 可视角度 | 一般在0°～90° | 0° | 在0°～90° |
| 探头最小直径 | 在1mm以下 | 在1mm以下 | 一般在4mm以上 |
| 探头长度 | 一般较短，小于500mm。有些可采用多杆组接，长度可达10m | 较长，一般在1～2m | 很长，可达20m |
| 耐用性 | 较好 | 差 | 很好 |
| 测量功能 | 无法进行 | 无法进行 | 可使用测量探头对长度深度进行直接测量 |
| 图像储存处理 | 后装图像采集系统 | 可后装图像采集系统 | 可直接进行图像储存处理 |
| 产品价格 | 低 | 较高 | 很高 |

内窥镜的种类较多，不同种类内窥镜适用范围不同。除了要考虑内窥镜的类型外，在具体选用内窥镜时还需要考虑探头直径、长度、可视方向、焦距等技术指标，同时由于内窥镜的使用环境复杂，需要考虑其防水、防油、耐腐蚀、耐磨等性能。通常要根据具体的检测对象位置及要求来确定使用内窥镜的种类，至少要考虑检测的位置、方向、最小分辨率要求、通路、测量记录等，复杂产品往往要求使用多种型号配合使用。

通常我们认为：直杆镜使用方便、耐用、成像效果好，多用于不需要弯曲，检测范围在 500mm 以内的产品，适用于直孔的检测。视频镜功能多，使用灵活，可靠性高，适用性广，适用于各种内部结构复杂的产品或需要进行定量检测、对比分析的场合，但由于制造技术的原因，探头上的 CCD 芯片不可能造得很小，使探头直径难以小于 4mm。视频镜可取代直杆镜、光纤镜使用。光纤镜易损坏，使用寿命短，且清晰度较差，成像效果及弯曲性能远逊于视频镜，但其直径可以制造得较细，多用于内径 4mm 以下，视频内窥镜无法检测的产品。

## 6.2 影响内窥镜检测的主要因素

### 6.2.1 照明条件

照明条件对内窥镜检测有很大影响。良好的照明可极大提高内窥镜检测的分辨能力。

内窥镜检测大多使用内窥镜自带光源进行照明。光源安装在主机内，光源灯泡产生强光，由专用的光导纤维传送到内窥镜探头的端部，从端部专门的窗口射出。为保证光线均匀照在检测区域范围，且不干扰内窥镜探头端部透镜收集反射光线，光线从透镜周围二或四个窗口均匀射出。

由于受探头直径和光导纤维数量的影响，一般只有很少的光线，约为 1%～5%到达探头端口提供内窥镜检测的照明，因此需要光源提供足够大的照明功率。

为真实反映产品表面的颜色，需要照明光线为与日光类似的全色，只有产生近似于白光的光线才能对物体颜色做出真实的反映。所以要求照明光源产生光线的色温足够高，以得到需要的白光。

目前常用的内窥镜光源一般分为两大类。

1）卤素灯：常为钠灯，功率多在 150W，光线略带黄色。

2）氙光灯：也称弧光灯，功率可达 300W 以上，可获得极高的亮度，便于远距离照明。氙光灯产生的光线颜色与日光最接近，色彩还原能力好，但价格较高。目前内窥镜广泛使用氙光灯作为照明光源。

发光二极管（LED）照明内窥镜是一种比较先进的照明方式，它在内窥镜探头前部安装 6～8 个 LED 发光管进行照明，具有照度高、维护容易和低功率的显著特点，它不需要利用光导纤维进行导光，克服了卤素灯等照明方式需要在主机中安装较重的发光源和使用光导纤维进行导光能量损失大等缺点，真正实现小型化便携式工作模式。

一般条件下，要求内窥镜检测照明光源色温不低于 5600 K，照明强度不低于 2600 lm。

辅助照明，由于内窥镜本身光源照明范围较小，只在探头靠近时才有效，在检测范围大时需要考虑采用辅助照明设备。辅助照明一般应提供亮度不少于 160～500 lx。

使用内窥镜照明应注意以下几个问题：

1）使用最佳的光线方向有利于观察。

2）避免强光反射。

3）注意选择光源的色温。

4）使用与表面反射性质相适应的照明条件。

### 6.2.2 探头位置与角度

探头与观察区域的距离是决定能否获得最大清晰度、分辨率、图像放大倍数的主要因素。

内窥镜是利用其探头端部透镜来收集从物体表面反射的光线，获得物体图像。当透镜靠近物体时，图像的放大倍数、清晰度会逐渐增加；但当镜头距离物体表面太近时，图像会变虚；距离太远时，受照明条件的影响，光线减弱，图像会变暗。通常在距离检测区域 5～25mm 范围内观察图像的效果最好，因此往往需要内窥镜探头尽量靠近观测点。受透镜焦距的影响，内窥镜观察景深，即得到清晰图像的远近范围大多小于 50mm。当观察区域不同部分处在不同平面上时，必须考虑焦距的影响，必要时应选择特殊的内窥镜产品。

探头与观察物体平面在 45°～90°范围内都可以达到较好的观察效果，在实际工作中是通过反复改变探头与观察点的位置与角度来找到合适的观察位置，并获得最佳的检测效果。当探头无法到达理想观察位置时，应考虑对图像清晰度、分辨率及检测效果的影响。

### 6.2.3 通道

通道是指内窥镜探头由外部进入产品内部到达检测区域的通路。通道的最小直径决定了进入产品内部内窥镜探头的直径；通道的长度决定了探头进入产品内部所需的最小长度；通道的弯曲角度决定了内窥镜探头的弯曲半径。一般应按以下原因进行选择产品通道。

1）通道应尽量靠近需检测位置，选择进入长度最短的通道。
2）尽量减少探头需要弯曲的次数及程度。
3）首先选择由上到下，由高到低的通道。
4）优先选择宽阔的通道。
5）推荐使用工装，保证探头在产品通道中的正确方向。
6）应采用边观察边通过的方法在通道中行进。

### 6.2.4 图像的畸变

图像的畸变是指通过透镜观察物体产生的变形现象，随着从透镜中心到边缘距离的增大，图像发生畸变。在光学系统中，图像的畸变往往通过复合透镜技术，对透镜表面弯曲度的调节来修正。图像的畸变会对缺陷的判断及测量产生影响。直杆镜、光纤镜观察时图像的畸变较大，视频内窥镜可通过计算机进行校正。

### 6.2.5 分辨率、放大倍数、可检测最小缺陷

（1）分辨率　内窥镜的分辨率反映的是通过内窥镜能清晰观察到最小物体尺寸的能力。常用可检测最小缺陷的尺寸来说明。一般情况下，内窥镜探头的直径越大其观察的图像越清晰；内窥镜检测的图像大多通过显示器显示，显示器尺寸越大图像越大；显示器的分辨率越高，图像质量越好。

影响内窥镜的分辨率因素：
1）设备因素：探头的直径、内窥镜系统分辨率、显示器最小点数。
2）产品因素：表面状况、缺陷的类型。

（2）放大倍数　由于内窥镜都是在图像放大的基础上对检测区域进行观察的，所以放大倍数越高，对细节检测的能力越强，但内窥镜检测的范围越小。放大倍数取决于探头上透镜（目镜、物镜）放大倍数和探头与观察点的距离。

（3）可检测最小缺陷　内窥镜可检测最小缺陷的尺寸是由内窥镜的分辨率、放大倍数共同作用的。

### 6.2.6 物体表面反射率

内窥镜的照明是为了获得物体表面足够的反射光线。吸光的或发暗的表面，如积碳、高度氧化物体的表面往往需要较高的照明。粗糙度低的表面对光线有很强的反射能力，容易产生很强的眩光，影响对物体表面的观察，需要改变光的强度与探头的角度减小强

烈反射的影响。

## 6.3 内窥镜的使用

### 6.3.1 环境要求

随着制造技术的提高，内窥镜已经变得小而轻，越来越易于携带，适应在野外等复杂环境下工作。一般来说，内窥镜检测对环境的要求不高，只有检测现场周围强电磁干扰或剧烈的电压波动会对检测设备有不良的影响；同时环境温湿度应满足设备的使用要求，否则极易对内窥镜设备造成损害，如过低温度会导致柔性探头变硬变脆，过高温度会影响设备的散热。

过于明亮的光线会降低人眼分辩能力，影响检测图像的反差，一般检测时不允许在强烈光线如日光直射下进行。应尽量选择光线柔和、安静的室内环境。

### 6.3.2 对内窥镜探头的要求

内窥镜探头是内窥镜中最主要、最复杂、最昂贵也是最容易损坏的部件，对内窥镜来说，探头的制造成本几乎占总成本的60%以上，内窥镜的使用实际上就是探头的使用。

为保证观察效果，与高级影像设备一样，内窥镜的探头端头往往安装的是一组复杂透镜组，而不是单一的透镜。内窥镜检测时需要内窥镜探头进入产品内部，而内窥镜探头中精密的光学透镜组对温度的适应能力较差，一旦产品内部温度超过探头的温度适用范围，极易造成探头损坏。不同类型的内窥镜探头对适应温度范围不同，需要根据产品选择，在规定的温度范围内，探头应能长时间正常工作。

尽管工业内窥镜探头已经进行了必要的防水耐腐蚀处理，使其具有一定的密封、防水、防油、耐酸碱腐蚀性能，保证探头在接触水、油等介质的条件下安全工作，但强酸、强碱、强腐蚀剂仍会强烈地腐蚀并破坏探头。由于采用的防护方法不同，探头对许多有机溶剂的防护效果不好，长时间与这些有机溶剂接触，探头的密封材料会被破坏，导致水油等进入探头内损坏探头。因此所有内窥镜检测的产品内部绝对不允许残存有强酸、强碱、强腐蚀、探头不允许接触的有机溶剂等对探头有损害的化学物质。在使用探头后，一定要按照设备说明对探头进行必要的清洁维护工作。

无论使用什么类型的内窥镜，探头直径越大，采用的透镜尺寸越大，成像效果越好；探头直径越大，长度越长，进入管路后的间隙越小，进出的阻力越大，越容易卡住损坏探头。按一般的经验，对内径均匀的管路、孔洞，选择的探头直径一般不大于管路、孔洞内径的4/5；弯曲、内径不均匀的管路、孔洞，选择的探头直径一般不大于管路、孔洞最小内径的2/3。探头进入产品长度较长时，应选择直径较细的探头。在两种直径探头同时满足要求时，应优先选择直径较大的探头，以尽可能提高观察图像的清晰度。

光纤镜、视频镜等柔性探头一般都有一个最小弯曲半径，产品弯曲半径必须大于探头的最小弯曲半径，否则极易在弯曲时造成探头内光纤折断。视频镜前端有一段金属硬质端头，一般长度为30～50mm，用于透镜及CCD等光电转换元件安装、固定。检测弯曲管路，必须考虑硬质端头在弯曲管路内通过要求，否则极易在探头退出时被卡住。

为保护探头，在某些探头外层采用金属材料，以提高探头的耐磨性能。但对检测硬度低、表面粗糙度要求高的工件，如铝质产品，应使用塑料外层探头检测，避免工件被探头划伤。金属探头在工件中拉动会产生表面拉伤。

探头的视角是指探头最大观察范围的角度，视角的大小由探头上透镜组决定，大视角镜头一次观察范围大，但图像变形大，一般要求内窥镜探头的视角大于50°。我们一般把与探头长度方向一致的观察方向规定为0°，观察方向的选择主要由产品的检测位置决定。视频镜可通过更换不同转换镜头来实现观察方向角度的变化；光纤镜一般只能0°，即正向观察；直杆镜制造成不同观察方向产品，在使用中以供选择。内窥镜检测时常用0°，90°两个观察方向。

视频镜是通过更换不同转换镜头来实现不同的检测功能的，转换镜头安装在探头的最前端，因此转换镜头在探头上应采用安全可靠的连接方式，确保透镜在工作过程中不会脱落。目前常采用双螺纹、螺纹加外锁等双重连接方式。

部分柔性探头具备导向功能，即探头端部可在人为控制下，向各个方向转动。导向是由安装在探头内四根钢丝来实现的，通过调节四根钢丝松紧达到探头端部向不同位置的转动。具备导向功能的探头需有防转向过载功能，保证探头在转向时与其他位置接触的情况下能自动停止或放松，不至于损坏导向和探头。视频镜由于使用范围广，基本都具备导向功能；光纤镜中只有小部分产品加装导向装置。

### 6.3.3 对内窥镜的要求

由于内窥镜检测时，探头与观察对象的距离是变化的，有时需要对镜头焦距进行调节，以达到最佳清晰度。内窥镜一般要求具备手动或自动对焦的功能。视频镜大多采用自动对焦，以方便使用。

由于不同检测对象表面反射性能的不同，且当探头与观察对象的距离在变化时，需要照亮检测对象满足内窥镜最佳观察亮度所必须的照明强度是不一样的，尤其是在探头移动时，因此需要随时调节内窥镜光强。大多内窥镜检测设备都具有自动光强度调整功能，以方便使用。在检测产品表面粗糙度低，反光强烈时，自动光强度调节的光线往往过强，产生很强的眩光，影响对产品表面的观察，此时需要关闭自动光强度调整功能，选择手动进行光强度调整，把光强适当减弱以消除眩光的影响。在内窥镜中最好同时具有自动光强度调整及手动光强度调整功能。在照明光线过暗时一些内窥镜设备还具有各种延时曝光功能，以改善检测效果。

### 6.3.4 产品的准备

需要进行内窥镜检测的产品温度不应超出内窥镜探头的最大允许温度，一般在-10～80℃范围，否则必需进行处理。

在可能条件下，在检测前应对检测产品进行必要的清洗。在检测过程中如果发现产品内残留不明性质液体,不能判别残留物对探头是否有害,也无法对产品内部进行清洗时,需要进行必要的验证试验。通常无强烈刺激气味,且与人皮肤接触后无不良反应的液体,对内窥镜探头都是安全的。探头对不同溶剂的适应性可参考相关设备的说明。

内窥镜检测是对产品表面进行检测的,除非另有规定,检测部位上一般不得留有锈蚀、油脂、漆、镀层等影响观察的各种覆盖物。一般情况下,内窥镜检测前不允许采用打磨、喷沙等处理方法,因为经过打磨、喷沙处理后,产品表面会变得十分粗糙,一些表面缺陷如细小裂纹、变色等会被掩盖住,不利于对缺陷的判别。较好的处理方法是,采用高压气冲、酸洗、溶剂冲洗等,以清除检测部位上的覆盖物。

在使用内窥镜检测前,尤其是使用光纤镜、视频镜时,应先去除探头入口及经过路径上的毛刺、多余物,避免探头被划伤或被卡住。

### 6.3.5 一般内窥镜检测程序

1)了解检测工件的内部结构特点、检测具体内容、位置,按程序展开并连接仪器,检查电源、接地是否可靠,仪器放置安全平稳。

2)选择合适的探头、镜头及进入产品的通道,检测前应清除通道内的障碍、毛刺等可能阻碍、损伤探头的物体。

3)如对产品的内部结构无法了解或结构复杂,可使用观察镜头观察后再进行检测。检测中尽量使镜头正对检测区域。

4)检测前应使眼睛适应检测环境及光线。长时间工作时应注意避免眼睛疲劳,产生人为漏检。

5)检测过程中应小心,确保探头顺利到达指定部位。探头在推进过程中如遇到明显阻力时,应立即停止前进。探头退出时应缓慢,如被卡住不能用力拉,以免损坏工件或探头。

6)一般探头的移动检查速度不超过 10mm/s,应使图像平衡,利于观察。大面积扫查时应采用直线扫描方式,每次扫查宽度不超过 20mm,且不得超过探头的观察范围。

7)对采集的图像进行处理分析。

8)按规定清洁探头,整理仪器、现场。

9)推荐使用辅助工装帮助探头顺利到达最佳观察位置,并保持探头与观察点相对位置的稳定以及在运动扫查中稳定图像。辅助工装形式需要根据检测产品、位置及使用内窥镜类型综合设计。

### 6.3.6 安全防护

为保证内窥镜检测过程中人员、设备、检测对象的安全,所有含油产品、火工品等危险品应进行有效接地,并采取消除静电等措施。

由于内窥镜设备,尤其是视频设备,照明光源需要使用较高电压,因此内窥镜检测设备应进行独立接地,保证工作过程中无静电积累。

### 6.3.7 内窥镜检测工艺验证

工艺验证是为了验证内窥镜检测的方法、设备、工艺、程序是否能满足产品的检测要求。

工艺验证采用试样验证的方法，按工艺要求对试样上模拟缺陷进行检测，缺陷大小、形式应满足产品检测的要求。试样应尽可能与产品相似，包括生产工艺、表面质量、检测通道。试样也可采用经过检验的同一产品或经过其他方法测定的参考系统替代。在产品的内窥镜检测前，一般需要对内窥镜测检设备、检测程序按检测工艺的要求进行验证试验，以确保检测质量。当检测设备和操作程序的变化对检测结果有影响时，需进行验证试验，如果这些变化对检测结果无影响，则可以不进行验证试验。

## 6.4 内窥镜检测的范围

### 6.4.1 管路

对各种管路内表面质量的检查，内窥镜检测技术具有独特的优势，也是其他检测方法难以完成的。管道的内窥镜检测占全部内窥检测工作量的一半以上。

管路主要作用是为油、水、气等各种流体介质的传输提供通路，内表面为其主要工作面。尤其对特殊、高压流体管路内表面的质量检测具有重要意义。

管路的内窥镜检测包括管路内多余物的控制，管路内表面的腐蚀、拉（划）伤、裂纹、凹陷、翻皮、异常斑点等缺陷的检查。

### 6.4.2 容器

对于无法直接观察的容器内部进行内窥镜检测，主要用于对多余物、腐蚀、裂纹等缺陷的检查。

### 6.4.3 孔洞及深孔制件

孔洞主要有盲孔、螺纹孔。深孔制件包括火炮炮管、液压缸体等，其特点也是零件内表面为主要工作面，内表面的质量直接影响零件的使用周期和寿命。

内窥镜检查主要用于孔内壁加工质量、毛刺清理、多余物的控制、螺纹损伤情况的观察以及镀（涂）层脱落、磨损、烧蚀缺陷的检查。

### 6.4.4 焊缝

大多数管路需要焊接各种的接头后使用，容器也主要采用焊接方法生产。

内窥镜检测用于管道焊缝内表面的检查，如未焊透、未熔合等焊接缺陷。同时需要控制管路、容器焊接过程中产生的飞溅物、焊漏等。

### 6.4.5 内表面粗糙度

通过与试块对比的方法可对孔、容器、管道内表面粗糙度情况进行检查。

### 6.4.6 产品状态检查

1）产品是否安装到位的检查。

2）O 形圈、卡垫、密封定位胶是否遗失、脱落。
3）特殊位置缺陷的检查，如叶片、燃烧室。需要对同一位置在工作前后进行对比分析。
4）可能产生干涉位置的监控。
5）大型固定产品无法进行分解、移动时的检查。

## 6.5 内窥镜检测主要缺陷图像

由于使用内窥镜观察物体的视角、位置与人眼直接观察有很大不同，各种缺陷在内窥镜图像中会呈现出不同的形态。下面我们主要介绍内窥镜检测的主要缺陷及其表现形式。

### 6.5.1 多余物

内窥镜检测是产品多余物控制的重要方法之一。多余物存在于管道、容器等产品的内部，位置不固定，有时会随着产品移动，多存在于弯曲、死角处，对产品工作性能有害。多余物大多为金属加工屑、遗落在产品内部螺钉、垫圈、异常断裂物等。

当管道、容器内残留有油等液体时，金属加工产生的碎屑会大量残留。金属碎屑在内窥镜图像中多为白色反光亮点，一般小碎屑无法看清其形状如图 6-1 所示。

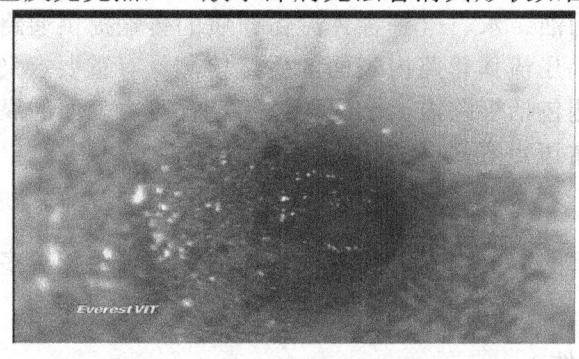

a）

b）

图 6-1　多余物

### 6.5.2 锈迹、腐蚀

产品加工过程中使用的加工液、酸洗液等易在管道、容器中残留，导致其内壁出现锈迹和腐蚀现象。

1）锈迹：指轻微腐蚀造成表面颜色出现变化，铁基材料表面多呈现锈红色，酸洗除去后锈迹消失，表面无明显损伤。不同材料被腐蚀后的表现不相同。图 6-3 为铁基材料的锈迹。

2）腐蚀：表面出现明显的腐蚀产物，多突出于产品表面，使表面呈现出明显的凹凸不平，一般留有腐蚀坑，如图 6-3 所示。

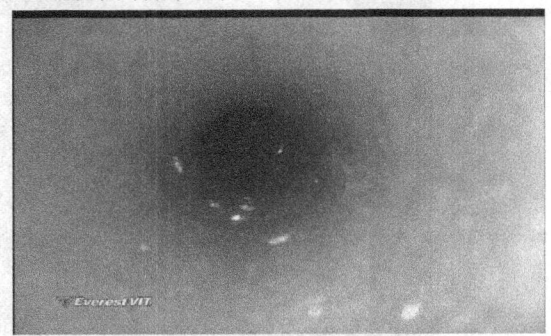

图6-2 锈迹

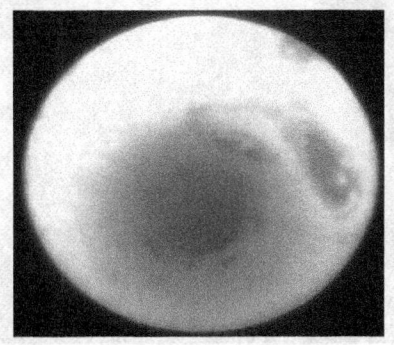

图6-3 腐蚀

### 6.5.3 毛刺翻边

管口、孔加工时，毛刺翻边残留在加工位置，在工作中会脱落形成多余物。在内窥镜检测通道内的大毛刺、翻边会划伤损坏探头，或将探头卡在通道内，所以内窥镜检测通道内的毛刺翻边应在检测前去除。毛刺翻边如图 6-4 所示。

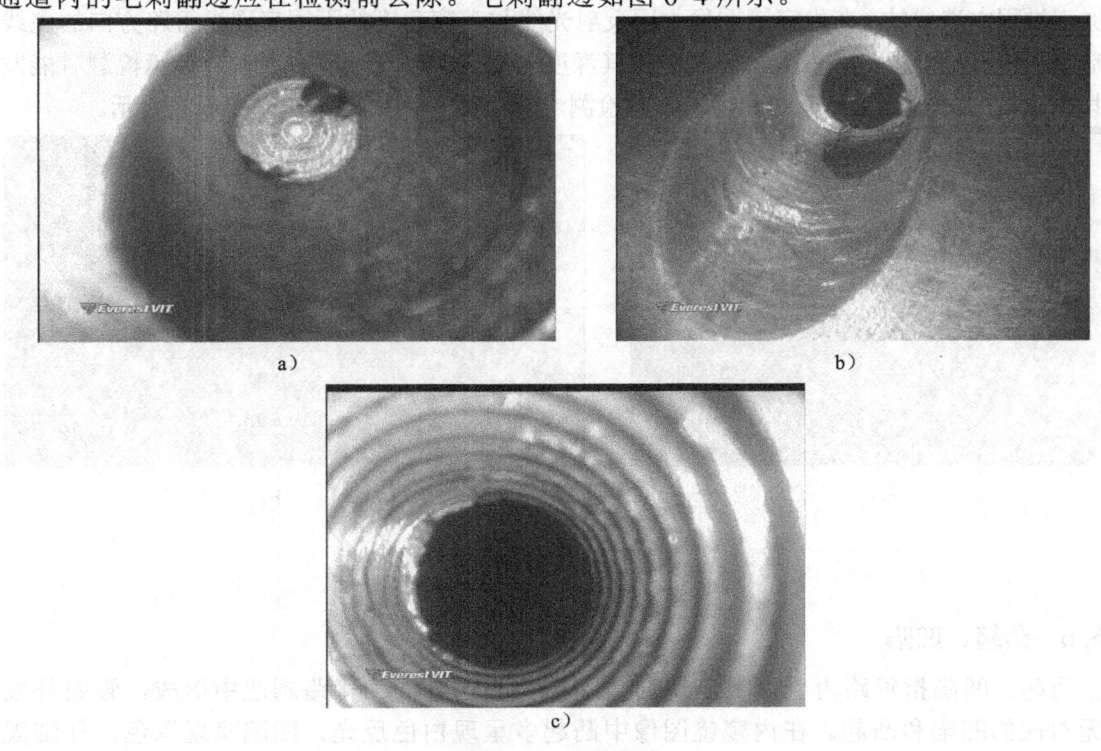

图6-4 毛刺翻边

### 6.5.4 起皮（翻皮）

起皮是指管路等内表面出现的一种片状凸起物，是管材生产过程中分层形成的缺陷，一般酸洗方法无法去除。在内窥镜图像中为白色反光亮点，与多余物相似，有时可见明显凸起，机械去除后会有凹坑出现。起皮如图 6-5 所示。

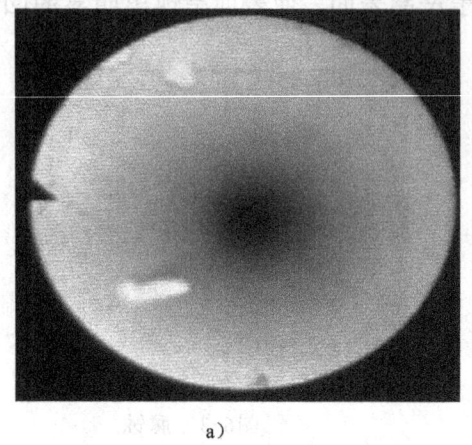
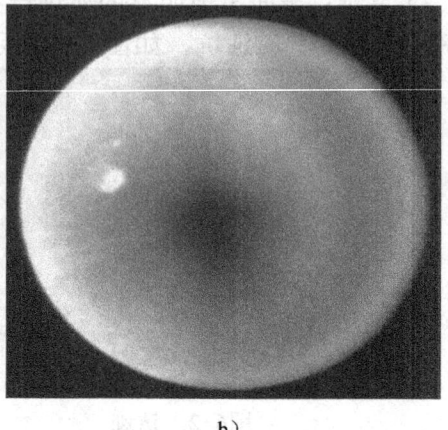

图6-5 起皮

### 6.5.5 划痕、拉伤（划伤）

划痕、拉伤是指沿管路方向形成的一条或多条平行直线形损伤，长度较长，多为管路生产加工过程中造成的。在内窥镜图像中因反射光线与观察角度的不同表现沿管路方向的亮线或暗线。划痕深度很浅，内窥镜无法分辨其深度与宽度。划伤一般较深，内窥镜检测时能发现其有明显的深度。内窥镜对此类缺陷的检测十分灵敏。划痕、拉伤如图 6-6 所示。

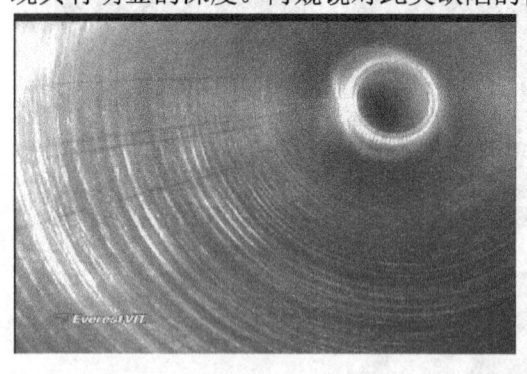
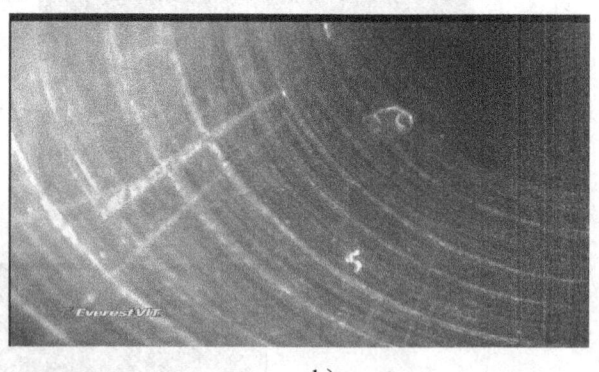

图6-6 划痕、拉伤

### 6.5.6 凸起、凹陷

凸起、凹陷指管路内表面上出现的凸起物和凹陷坑，为管路制造中形成，管路外表面无对应的凹陷和凸起。在内窥镜图像中凸起多呈现白色反光，凹陷呈现深色，仔细观察有明显深度感，如图 6-7 所示。

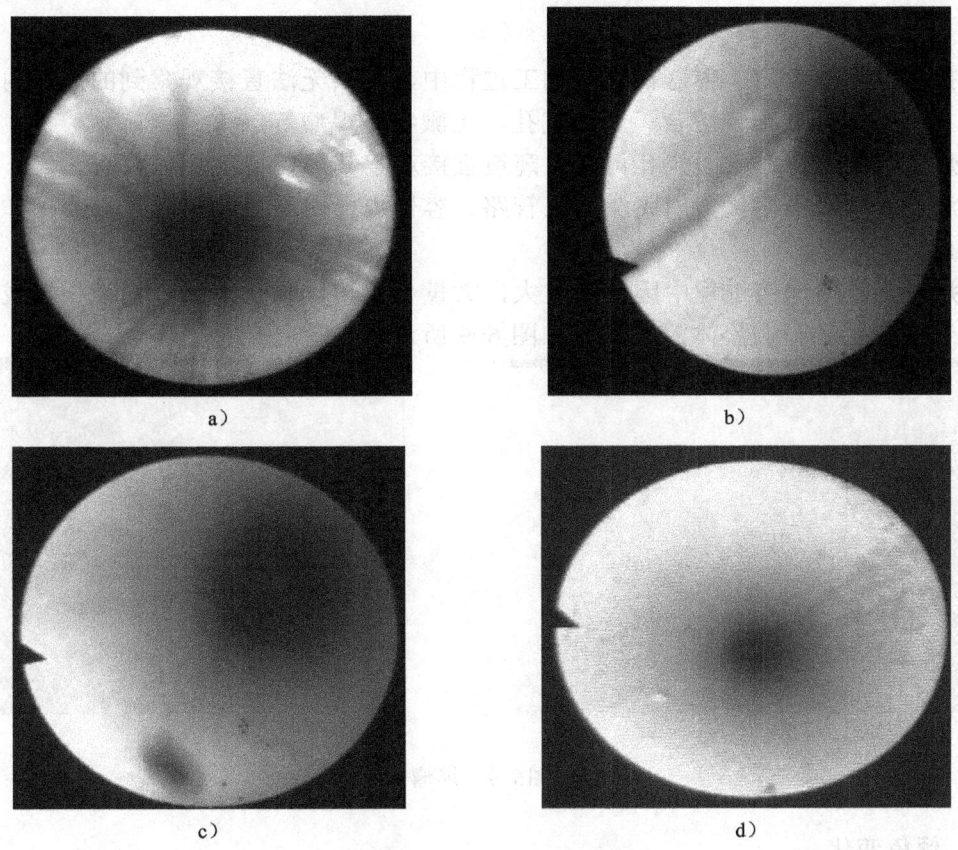

图6-7 凸起、凹陷
a) 凸起 b)、c)、d) 凹陷

## 6.5.7 异常斑点

异常斑点多出现在管道酸洗等处理后,出现或明或暗或颜色异常的反光点,与周围组织反射有明显不同,有时无明显凹凸变化。大多与材料差异有关,需要进一步分析,如图6-8所示。

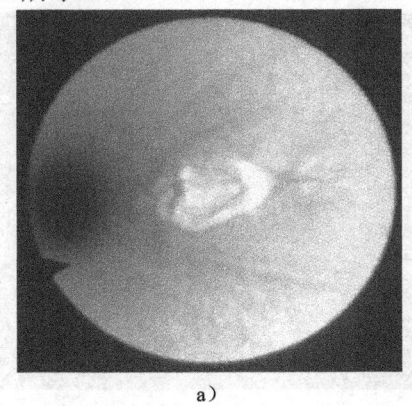
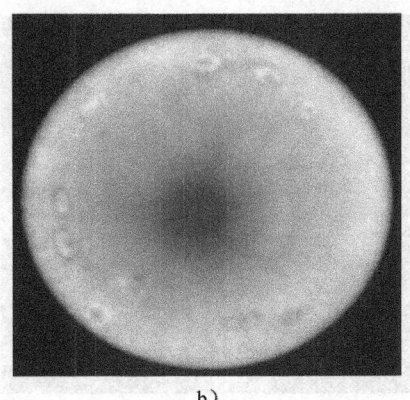

图6-8 异常斑点

### 6.5.8 焊接缺陷

焊接缺陷特指管路、容器在焊接加工过程中，人眼无法直接观察到的焊缝内表面的缺陷。主要有未焊透、未熔合、表面气孔、飞溅物、焊瘤等。

未焊透、未熔合、表面气孔可用内窥镜直接观察其形貌特征加以判断。

飞溅物是焊接中熔化金属飞溅粘在管路、容器内壁，飞溅物也会在产品工作过程中脱落形成多余物。

焊瘤专指管路焊接过程中因电流过大，大量金属熔化物在焊缝反面堆积形成，焊瘤会减少管路内径，影响流体的流动，如图6-9所示。

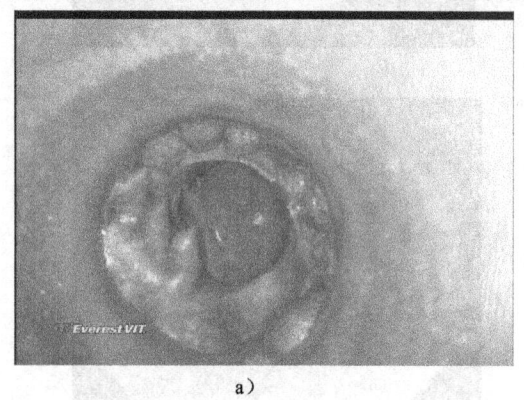
a)

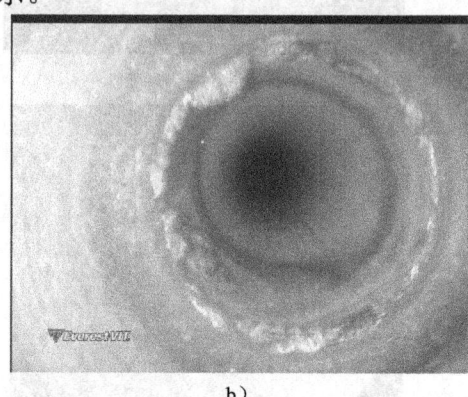
b)

图6-9 焊瘤

### 6.5.9 颜色变化

颜色变化指焊接、热加工后产品内表面颜色的变化。尤其用于对钛合金焊接后颜色变化的检测。

### 6.5.10 裂纹

因产品加工工艺不同，裂纹产生原因不同、形式多样，一般呈不规则细线，端部尖，无明显开口，有些有深度感。在内窥镜图像中多呈现为一种断续的暗线或亮线，如图6-10所示。

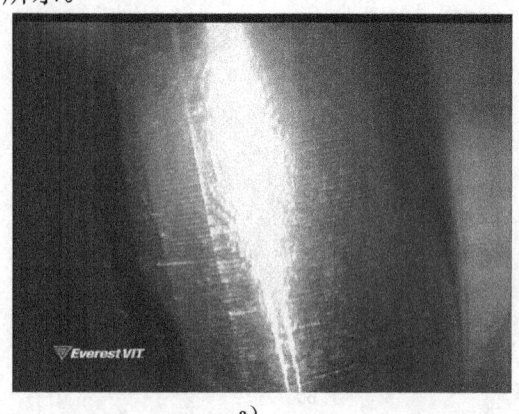
a)

b)

图6-10 裂纹

## 6.5.11 镀（涂）层损伤、脱落

由于镀（涂）层添加工艺操作不当或受到过大的机械损伤，环境条件改变等原因，导致零件表面局部镀（涂）层与基体分离脱落形成的表面凹陷，如图 6-11 所示。

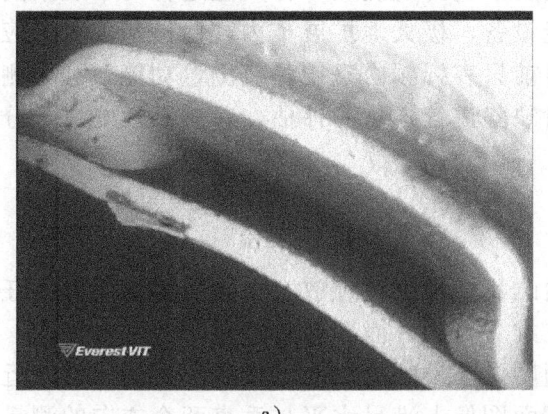
a)

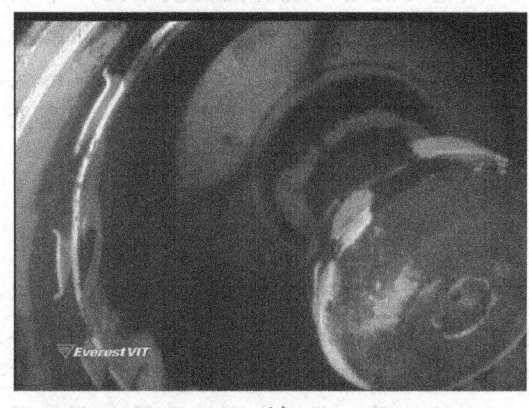
b)

图6-11 镀层损伤

## 6.5.12 磨损

在零件表面反复受到另一接触物体的摩擦作用，使零件表面失去原有的尺寸和精度要求。表面呈现粗糙度上升，出现严重拉划伤，局部缺损等现象。

## 6.5.13 烧蚀

高温气体和发射火药粉末燃烧产生的残余物对产品内表面产生冲刷、摩擦、腐蚀，而出现变形、龟裂、烧蚀坑等称为烧蚀缺陷。起因是材料受到化学的、机械的、物理的和热的影响而发生性质的改变。出现在高温下运行的产品，表面凹凸不平，常因积碳、强烈氧化而颜色发暗，并带有明显的烧蚀特征，如图 6-12 所示。

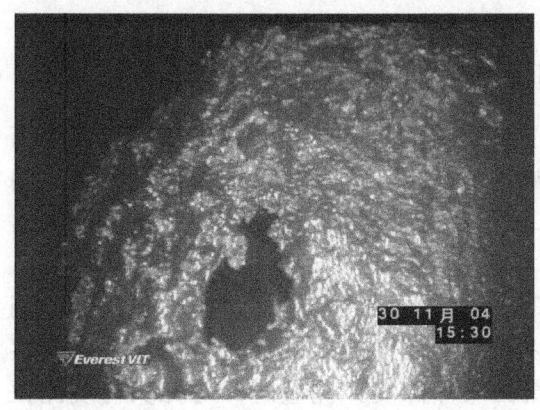
a)

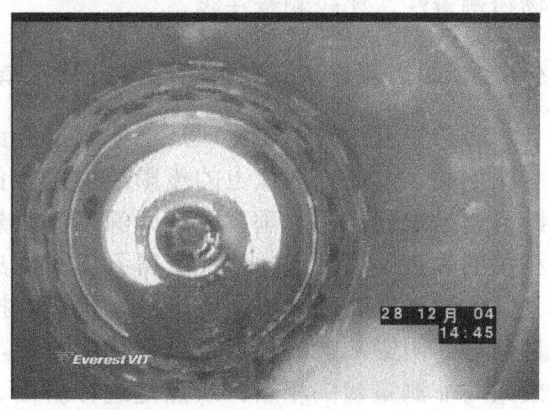
b)

图6-12 烧蚀

## 6.6 内窥镜测量技术

测量功能是内窥镜检测技术的一个质的飞跃,使内窥镜从一种只能进行简单观察的工具发展成为可进行高精度定量检测的多功能设备,极大地扩展了内窥镜检测技术的应用范围,对内窥镜检测技术具有特殊意义。目前只有视频内窥镜具有测量功能。利用测量功能,可以对缺陷的大小尺寸进行测量,对缺陷进行定量的评估,对产品性能进行分析。

### 6.6.1 内窥镜测量的特点

内窥镜检测所观察到的是放大的图像,因此我们需要通过放大的图像测量图像上任意点间的距离。又因为内窥镜观察的物体是三维立体的,而图像只能是一个二维平面,由于视角的关系,立体结构的不同位置在平面图像上反映的放大倍数是不同的,即有近大远小的关系,所以内窥镜测量必须在同一平面图像上满足水平与垂直两个方向的测量要求。图像的放大倍数除了与镜头焦距有关外,还与镜头到物体的距离有关,距离镜头越近,放大倍数越高,图像的尺寸越大。在实际工作中,由于镜头到物体的距离、角度是一个变化的不确定量,难以使其固定不变,因此无法通过距离换算得到图像的实际放大倍数。同时当镜头与观察对象不在垂直位置上时,同一幅图像中不同位置的放大倍数是不一样的。当需要对斜面、垂直面(即深度)上任意两点进行测量时,必须采取特殊的标定方法。

检测的精度与准确性是衡量检测结果是否有效的前提。由于内窥镜测量是在放大的条件下对产品进行检测的,检测的准确性、放大倍数与镜头参数、镜头到物体的距离、照明条件等因素有关。一般放大倍数越大,内窥镜测量的准确度越高,只有在较大的放大倍数及正确操作下,才能得到可靠的测量结果。

内窥镜测量应具有平面及深度的测量功能。目前测量的主要方法有阴影测量法、双物镜测量法、比较测量法等。

### 6.6.2 阴影测量法:利用阴影投射及三角几何原理进行测量

阴影测量法的主要原理是根据固定标记在不同距离平面上投影的位置变化与其距离有比例关系,通过图像上的投影线的位置作为测量的标尺,来计算出图像任意两点间的距离。当进行斜面、垂直面(即深度)测量时,利用投影线标尺与距离的关系可计算出相关的垂直距离,进一步计算得到斜面距离。

阴影测量法巧妙地利用了投影位置与投影距离的关系,很好地解决了图像尺寸的测量问题。阴影测量的优点是操作使用方便,可以在观察图像的同时进行采集测量,观察效果与非测量镜头相当。缺点是进行斜面、垂直面(即深度)测量时,对探头与观测位置有一定的要求。只有在满足条件时,测量精度才较高,因此使用范围受到一定的限制(图6-13为阴影测量探头内部结构,图6-14为测量原理示意图)。

# 第 6 章　内窥镜检测技术

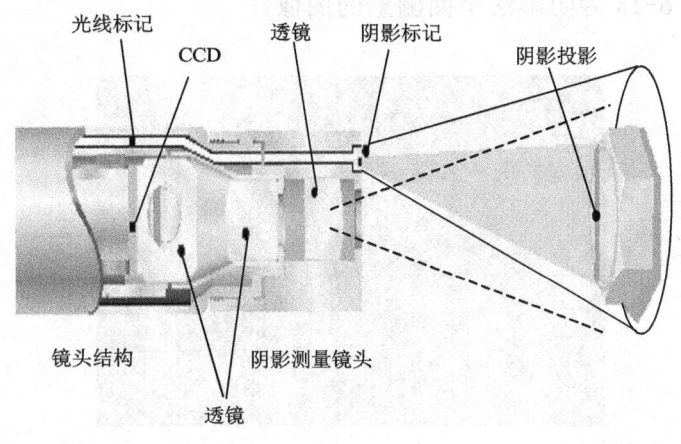

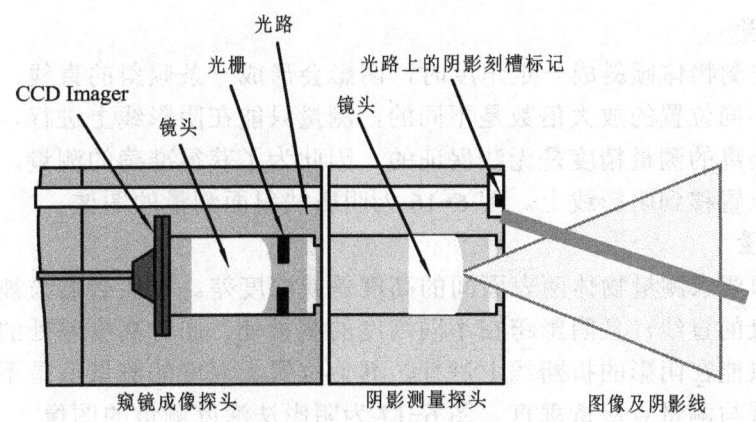

图6-13　阴影测量探头内部结构

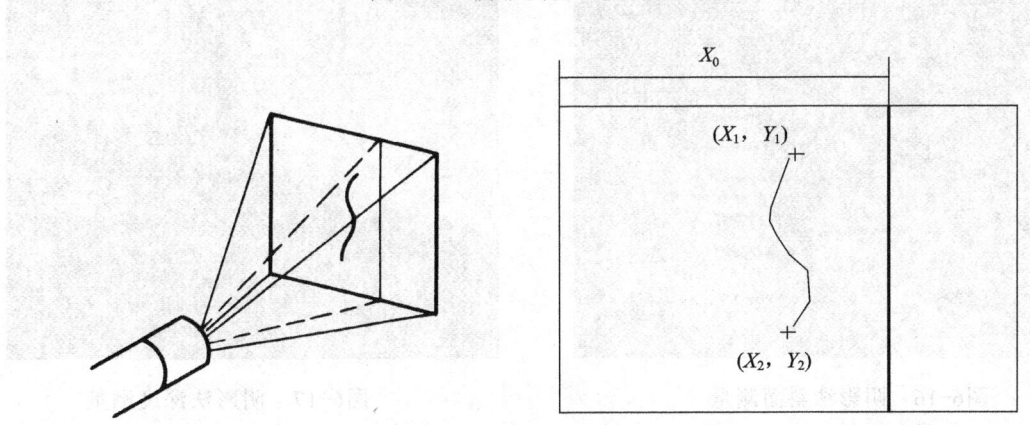

图6-14　测量原理示意图

**1. 平面测量**

当被测物体为平面且镜头与被测物体垂直时，阴影会形成一条竖直的直线，此时图像所有位置上的放大倍数是相同的，在图像上可以进行任意两点的间的测量，测量精度

83

可以满足要求。图6-15为阴影法平面测量的图像。

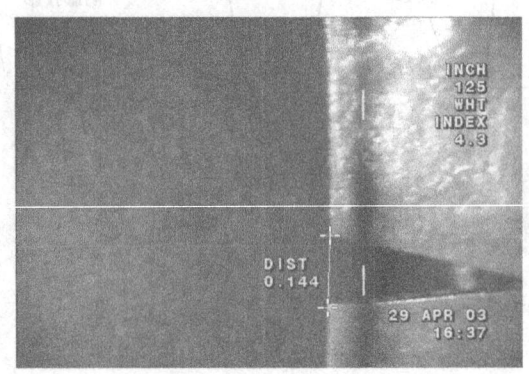

图6-15　阴影法平面测量

2. 斜面测量

当镜头与被测物体倾斜成一定角度时，阴影会形成一条倾斜的直线，即表示为斜面测量。图像上不同位置的放大倍数是不同的，测量只能在阴影线上进行，其他非阴影线上所有位置的距离的测量精度是无法保证的，因此为了获得准确的测量，在使用中必须把需要测量的位置移到阴影线上。图6-16为阴影法斜面测量的图像。

3. 深度测量

深度测量即要求测量物体两表面间的高度差或深度差。镜头必需与被测面垂直，使阴影线形成竖直的直线，且阴影跨在不同高度的测量处，此时高度差处的阴影会形成一折断线。测量只能在阴影的折断线上进行，其他位置上深度的测量值是不准确的。必须要求探头的位置与测量点保持垂直。图6-17为阴影法深度测量的图像。

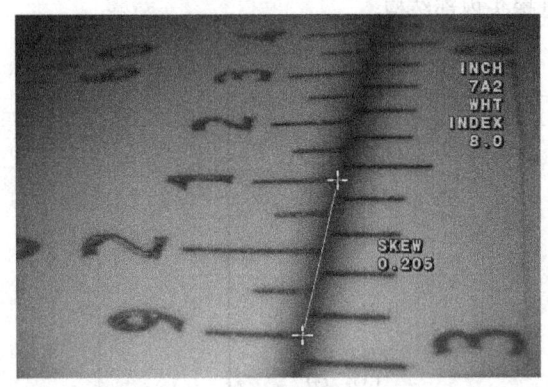

图6-16　阴影法斜面测量

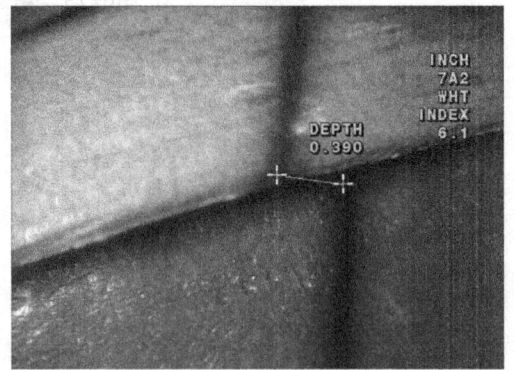

图6-17　阴影法深度测量

### 6.6.3　双物镜测量法：利用三角几何原理

双物镜测量法是利用不同位置两个镜头对同一物体进行观察时会形成两个不同位置的图像的原理，即像人眼一样利用视差进行定位。如图6-18和图6-19所示，由于两个镜头间的距离为固定值，同一点到两个镜头的连线与镜头中心线形成不同的夹角。当两个镜头分别会在同一画面上形成两个相同的图像，相同图像上同一点间的距离与镜头到物体的距离有对应的关系，再通过几何的计算，即可以得到任意两点间的距离。

双物镜测量的优点是不用考虑镜头与观察物体间的位置与角度，就可对任意两点间距离进行测量，双镜头具有人眼一样的立体定位能力，是一种立体测量镜头，具有广泛的测量能力。缺点是双物镜镜头对物体进行观察时，由于双镜的影像观察效果不理想。一般常利用非测量探头进行观察找到测量点后再用双物镜探头进行测量，有时使用不方便。

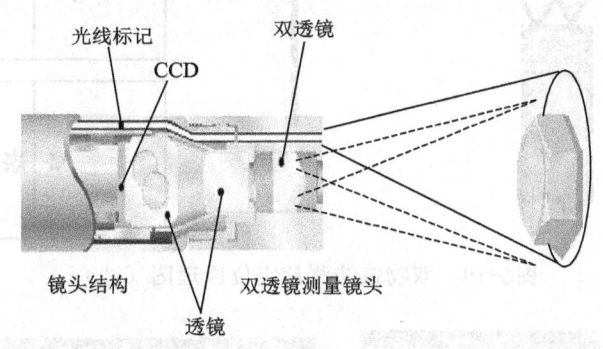

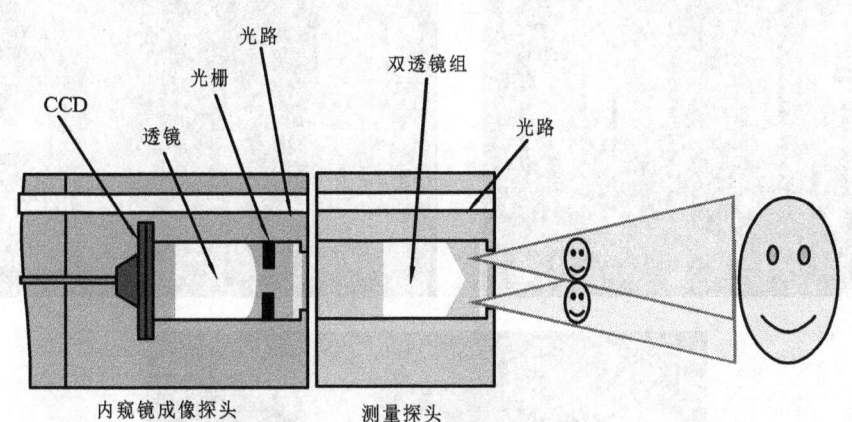

图6-18　双物镜测量探头结构及测量原理

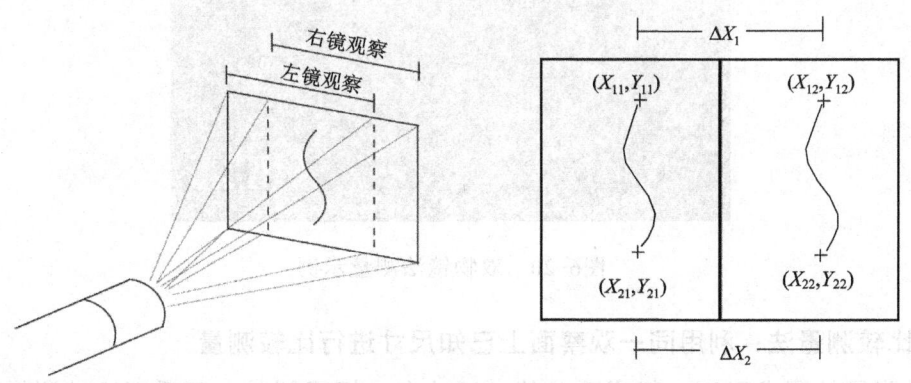

图6-19　双物镜法测量定位原理图

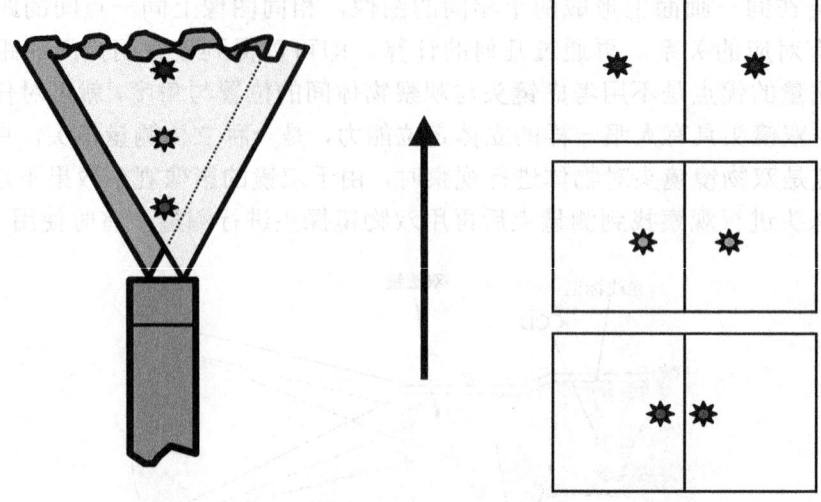

图6-19 双物镜法测量定位原理图（续）

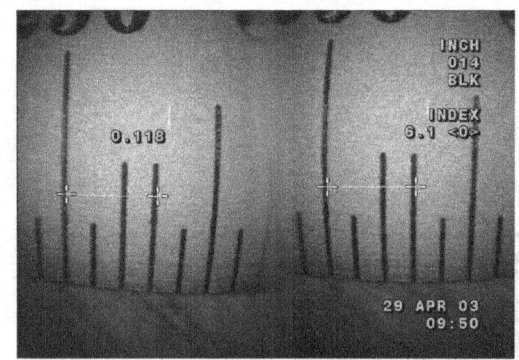

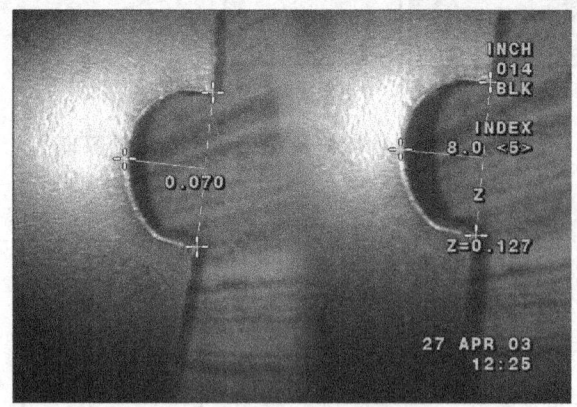

图6-20 双物镜法测量示例

### 6.6.4 比较测量法：利用同一观察面上已知尺寸进行比较测量

当对测量的要求不高，仅需要对某一尺寸有大概了解时，可采用比较测量法。使用比较测量需要已知采集图像中某一标记的具体尺寸，需测量位置与标记在同一图像中。

并与标记尽可能靠近。

### 6.6.5 测量试块的要求

为了保证测量精度要求，需要对具有测量功能的探头使用专用测量试块对测量精度及误差进行校对。每次测量前都应先使用测量试块进行校对。更换探头、镜头后应重新校对。测量试块应具有长度、深度两种测量标记。

测量试块应与探头一一对应，并保证探头位置的稳定。

### 6.6.6 测量精度（只考虑阴影测量和双物镜测量）

一般情况下内窥镜检测的测量精度应能满足：
1）点点、点线等线性测量：$L \times 5\%$（$L$ 为测量的长度数值，在 0~25mm 之间）。
2）深度测量时为：$H \times 5\%$（$H$ 为测量的深度数值，在 0~25mm 之间）。

### 6.6.7 与测量精度有关的因素的影响

内窥镜测量是用内窥镜将测量位置的图像采集下来，在图像上进行定位标记，自动计算定位点间的距离。因此检测的精度与采集图像的质量（图像的清晰度）、测量点的定位、图像的放大倍数有关。

图像的质量（清晰度）与内窥镜性能、检测条件等因素有关。只有采集的图像清晰度高，才能很能好地确定检测位置。

由于光照等因素，不同物体的分界线在内窥镜图像中往往呈现为有一定宽度的或明或暗的光带，测量点要在光带中某一位置上确定，因此只有正确选点，才能准确进行测量。

对内窥镜测量精度影响最大的是图像的放大倍数。图像的放大倍数越大，内窥镜测量的准确度越高，只有在较大的放大倍数及正确操作下，才能得到可靠的测量结果。在测量时应尽量使测量对象充满画面，得到较大的放大倍数。

不同测量方法的测量精度不同，对放大倍数的要求也不一样。相同测量方法平面与深度测量的精度也有一定变化。阴影测量放大倍数与误差关系曲线如图 6-21 所示。

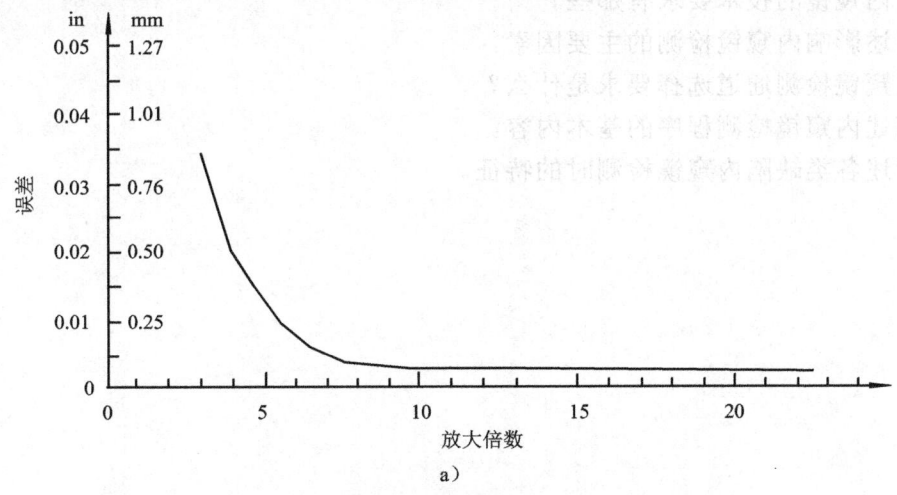

图6-21 阴影测量放大倍数与误差关系曲线

a）深度和斜面测量法

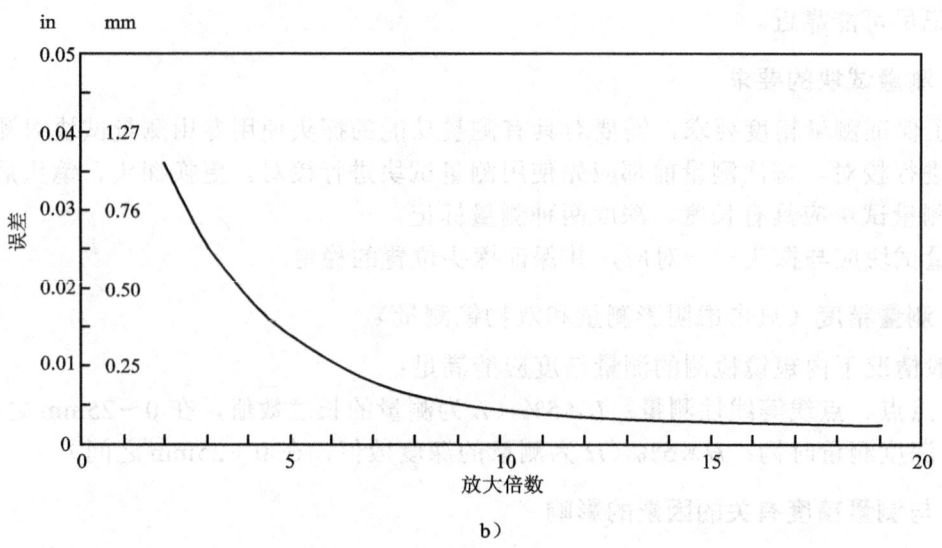

图 6-21 阴影测量放大倍数与误差关系曲线（续）
b）立体长度测量

从图中可以看到，无论采用什么测量方法，随放大倍数的增加，测量精度明显提高，双物镜测量精度略高于阴影测量。阴影测量的放大倍数应不小于 10 倍，最佳测量应在 15 倍以上；双物镜测量的放大倍数应不小于 5 倍，最佳测量应在 10 倍以上。

# 复 习 题

1. 内窥镜检测具有什么特点？
2. 内窥镜选用的基本原则是什么？
3. 内窥镜有那几种类型？
4. 对内窥镜的技术要求有那些？
5. 简述影响内窥镜检测的主要因素。
6. 内窥镜检测通道选择要求是什么？
7. 简述内窥镜检测程序的基本内容。
8. 简述各类缺陷内窥镜检测时的特征。

# 第7章 相关标准介绍

## 7.1 国内目视检测标准现状

国内将目视检测作为一种独立无损检测方法的时间较短，有关目视检测技术及方法的研究尚在发展的阶段，目视检测技术及相关标准较少。目前在国防科技工业标准体系中有关目视检测的标准只有航天标准 QJ 2859—1996《工业内窥镜操作使用方法与判定规则》正式发布。核工业系统由于行业的特殊需求，直接采用美国 ASME 和法国 RCC—M 目视检测标准。一些航空企业，如发动机的维修，零部件生产配套等部门，也直接采用国外目视检测的技术标准。国内其他行业目前尚未发布目视检测方面的标准。

## 7.2 目视检测方法标准（模拟）

为开展培训工作特编写目视检测模拟标准（以下称本标准），规定了目视检测的适用范围、分类情况、人员、注意事项等基本要求。

前言

本标准由国防科技工业无损检测人员的资格鉴定与认证委员会提出。

本标准由国防科技工业无损检测人员的资格鉴定与认证委员会目视专业组归口。

本标准起草单位：国防科技工业无损检测人员的资格鉴定与认证委员会目视专业组。

本拟标准是等效采用美国机械工程师协会 ASME 规范《锅炉及压力容器规范》（1998版）的第Ⅴ卷第9章进行编写的。

### 7.2.1 适用范围

本标准规定了国防科技工业中目视检测的分类、一般要求、检测文件等。

本标准适用于国防科技工业中设备、管道、容器等产品的目视检测，主要用于按规定要求检查产品的表面质量。其他产品的目视检测也可参照执行。

本标准不适用于其他有损和无损检测过程中有关的目视活动。

### 7.2.2 规范性引用文件

下列文件中的条款通过本标准的引用而成为本标准的条款，凡是注明日期的引用文件，其随后所有的修改单（不包括勘误的内容）或修订版均不适用于本标准。凡是不注明日期的引用文件，其最新版本适合于本标准。

GJB9712-2002 无损检测人员的资格鉴定与认证。

### 7.2.3 术语和定义

① 目视检测——用于观察评价物品的一种无损检测方法，它仅指用人的眼睛或借助于光学仪器对工业产品表面作观察或测量的一种检测方法。

② 辅助光源——一种目视检测的辅助工具，用以改善观察条件和目视识别的人工光源。

③ 表面眩光——干扰目视检测的光源反射。

### 7.2.4 目视检测分类

1. 直接目视检测

直接目视检测是指直接利用肉眼进行检测，通常用于现场的目视检测中，需保证有充分的照明条件，使眼睛置于距离被检测表面 600mm 内，视角小于 30°，也可使用 6 倍以下放大镜作为检测工具。

2. 间接目视检测

当直接目视检测不能使用时，可用间接目视检测替代。间接目视检测是指对人肉眼无法直接观察的区域，可借助于内窥镜、反光镜、光纤镜、成套的照相机或其他合适的仪器等辅助设备进行观察检测。间接目视检测应具有与直接目视检测相当的分辨能力。必要时需要证明间接目视检测系统执行指定的检测任务是否合适。

### 7.2.5 一般要求

1. 检测环境

目视检测应选择均匀柔和的光线，一般不允许在强烈的直射光线下进行。

2. 人员

目视检测人员应经过专门的技术培训，并取得国防科技无损检测鉴认委颁发的技术资格证书。检测工艺、检测报告应由具有国防科技无损检测鉴认委颁发的Ⅱ级或Ⅱ级以上的技术资格证书的人员出具。

目视检测人员应具有一定的视力及颜色分辨能力。

目视检测人员应能熟练掌握相关检测设备的使用，并了解被检产品的结构及生产工艺要求。

3. 照明条件

目视检测时照明亮度应不少于 160 lx，局部目视检测时应不少于 500 lx。如果需要，应使用辅助灯光照明。

为使检测达到最好的结果，应考虑以下照明条件。

1）使用最佳的光线方向有利于观察。
2）避免强光直接照射工件表面。
3）调整光源的色温。
4）使用与表面反射性质相适应的照明条件。

## 7.2.6 检测文件

**1. 检测文件的主要内容**

目视检测应根据检测文件的规定进行，一般检测文件应包括：

1) 被检测物体的类型、尺寸和形状。
2) 检测范围。
3) 使用的检测技术和先后顺序。
4) 被检测物体表面情况。
5) 表面处理要求。
6) 人员要求。
7) 采用的标准。
8) 照明（类型、等级和方向）。
9) 使用的目视检测设备。
10) 检测报告。

**2. 检测工艺卡**

当进行批量检测或有明确要求时，应按规定编写检测工艺卡。检测工艺卡一般应包括以下内容：

1) 被检测产品的名称、图号。
2) 检测范围、要求及检测示意图等。
3) 使用的检测方法。
4) 待检部位的表面情况。
5) 待检部位的表面处理要求。
6) 需要进行检测时，产品的生产工序。
7) 人员要求。
8) 产品验收的技术标准。
9) 检测工装、辅助照明（类型、等级和方向）。

## 7.2.7 检测要求

1) 按规定对要求的部位、区域进行目视检测。

2) 被检测区域内应无任何妨碍检测或可能影响评判结果的杂物。除非另有规定，测量部位上一般不得有锈蚀、油脂、漆、镀层等各种覆盖物。

3) 直接目视检测应在大于 30°的视角及不超过 600mm 的距离上进行检测。

4) 目视检测应在足够的光照条件下进行。日光或灯光下应能在不同背景下分辨出不同宽度的细线。细线宽度一般为 0.2mm、0.4mm、0.6mm、0.8mm 四种。背景的颜色由被检对象的颜色而决定，背景颜色一般有反射率为 18%的灰色和反射率为 85%的白色。

① 对于碳钢焊缝，目视检测应能在 18%的灰色参考背景上分辨出一条 0.8mm 宽的黑线，灰色参考背景的反射率为 18%。

② 对于不锈钢焊缝，目视检测应能在 18%的白色参考背景上分辨出一条 0.8mm 宽的白线，白色参考背景的反射率为 85%。

③ 对于碳钢制成的直径大于 800mm 容器,目视检测应能在 18%的灰色参考背景上分辨出一条 0.6mm 宽的黑线,灰色参考背景的反射率为 18%。

④ 对于不锈钢制成的直径大于 800mm 容器,目视检测应能在 18%的白色参考背景上分辨出一条 0.6mm 宽的白线,白色参考背景的反射率为 85%。

⑤ 对于碳钢制成的直径不大于 800mm 容器,目视检测应能在 18%的灰色参考背景上分辨出一条 0.4mm 宽的黑线,灰色参考背景的反射率为 18%。

⑥ 对于不锈钢制成的直径不大于 800mm 容器,目视检测应能在 18%的白色参考背景上分辨出一条 0.4mm 宽的白线,白色参考背景的反射率为 85%。

⑦ 对于碳钢制成的精密工件,目视检测应能在 18%的灰色参考背景上分辨出一条 0.2mm 宽的黑线,灰色参考背景的反射率为 18%。

⑧ 对于不锈钢制成的精密工件,目视检测应能在 18%的白色参考背景上分辨出一条 0.2mm 宽的白线,灰色参考背景的反射率为 85%。

5) 目视检测可利用一个验证试验,证明检测满足分辨能力的要求。验证试验一般采用对比试样进行比较,所检测产品应尽可能与对比试样相似,包括相似的反射率、表面粗糙度、反差率等。

6) 当检测设备和操作程序上细节的变化,对检测结果精度等级没有影响时,无需进行验证试验。

### 7.2.8 评判记录

所有目视检测均需要按指定的标准进行评判。

对各个阶段的所有项目的目视检测均应作记录。如果需要,对经检测合格的产品作适当标识。

### 7.2.9 检测报告

检测报告一般应包括以下内容:

1) 产品名称、检验部位、测试范围、检测日期和地点。
2) 使用的检测方法。
3) 采用的检测及判定标准。
4) 使用的检测设备及系统设置。
5) 检测单位、检测评定人员签名和日期等。
6) 检测物体及缺陷的描述和评定。

## 7.3 目视检测验收标准(模拟)

为开展培训工作特编写目视检测模拟验收标准(以下称本标准),规定了目视检测的验收条件及合格判据。

前言

本标准由国防科技工业无损检测人员的资格鉴定与认证委员会提出。

本标准由国防科技工业无损检测人员的资格鉴定与认证委员会目视专业组归口。

本标准起草单位：国防科技工业无损检测人员的资格鉴定与认证委员会目视专业组。

### 7.3.1 适用范围

本标准适用于国防科技工业中设备、管道、容器等产品的目视检测的验收。

### 7.3.2 规范性引用文件

下列文件中的条款通过本标准的引用而成为本标准的条款，凡是注明日期的引用文件，其随后所有的修改单（不包括勘误的内容）或修订版均不适用于本标准。凡是不注明日期的引用文件，其最新版本适合于本标准。

GJB9712-2002 无损检测人员的资格鉴定与认证。

### 7.3.3 验收细则

1) 检查所有随产品提供的技术及质量证明文件是否完整。
2) 检查产品加工位置是否与图样要求相符合。
3) 连续表面上不允许有肉眼可见的裂纹。
4) 连续表面上不允许有明显的磕碰痕迹。
5) 连续表面上不允许有明显划伤。
6) 产品加工面粗糙度应符合设计要求。
7) 新产品表面漆或镀层不允许有明显脱落。
8) 产品工作过程中不允许出现严重腐蚀、泄漏。

### 7.3.4 结果处理

1) 不符合 7.3.3 中任何一条验收细则的产品不予以验收。
2) 对所有出现问题的产品应记录其表面质量情况，做出标记并与其他产品隔离。

## 7.4 内窥检测标准介绍

内窥检测技术是指利用工业内窥镜作为检测工具对产品、零部件进行质量控制的目视检测方法。

### 7.4.1 QJ 2859—1996《工业内窥镜操作使用方法与判定规则》

1. 范围

该标准规定了工业内窥镜操作的一般要求、内窥镜的选用原则、具体操作要求与检查判定的规则。

2. 一般要求

（1）配置要求　根据被检测对象和检测要求，选用光学、光导纤维内窥镜时，基本配置一般有主机、探头、光源；采用视频内窥镜时，基本配置一般有主机、探头、光源、处理器、显示器。

当需要时，除基本配置外，还可配置可测量探头、光源、处理器、显示器。

（2）安装调试　按操作说明书正确连接系统，检查无误后，通电进行各功能的检查、调试，应符合要求。

（3）人员　内窥镜的使用应定岗、定员、专人操作，操作人员上岗前，应接受专业培训了解内窥镜的工作原理，并能熟练正确使用内窥镜，持证上岗。操作人员应熟悉和掌握有关标准、规范以及被检查产品的技术要求等。

（4）环境及安全

1）内窥镜应放置在相对固定的场地，应尽量减少搬运、运输次数。

2）内窥镜的光源、处理器等仪器的放置位置，符合操作使用说明书的要求，保持良好的通风条件。

3）操作使用过程中，不得磕、碰或撞击探头。

4）操作使用过程中，应符合被检测产品的技术安全要求。

5）必须配置带有接地保护的电源，必需时配置稳压装置。

6）各连接点接口的安装必须准确、可靠、牢固。

7）正确选用适合被检产品的内窥镜。根据被检产品的内部结构，选用尺寸适当的内窥镜探头。

8）探头进入被检产品时，不得强行插入、拉出。

9）注意保持探头清洁。清洁探头时，必须符合操作说明书的规定要求。

10）使用及保存时的温度、相对湿度应符合操作说明书的要求。

3. 检测范围

按图样、技术文件要求或工序需要，对被检产品进行以下检查（或）尺寸测量。

（1）内腔检查　检查表面裂纹、起皮、拉线、划痕、凹坑、凸起、斑点、腐蚀等缺陷。

（2）焊缝表面缺陷检查　检查焊缝表面裂纹、未焊透及焊漏等。

（3）装配检查　当有要求或需要时，使用内窥镜对装配质量进行以下检查：

1）装配或某一工序完成后，检查各零、部组件装配位置是否符合图样或技术条件要求。

2）装配缺陷。

（4）状态检查　当某些产品（如涡轮泵、发动机等）工作后，按技术要求规定的项目进行内窥检测。

（5）多余物检查　检查产品内腔残余切屑、外来物等多余物。

（6）尺寸测量　对需要进行测量的尺寸，可用测量探头进行测量。

4. 详细要求

（1）内窥镜优先选用原则　在使用内窥镜时，为保证检测质量，选用内窥镜的种类和探头直径，按以下优先原则。

1）种类。视频内窥镜、光学内窥镜、光导纤维内窥镜。

2）探头直径。尽可能选用直径较大的探头。

（2）检查与判定规则

1）裂纹。当光束照射被检物表面，观察到黑色或亮色线条，且在一定的放大倍数下，线条有不规则边缘时，判定为裂纹。当裂纹较宽时，可测量探头的测量影线会发生弯折。

2）起皮。当光束平行照射时，观察到在凸起部分背后有阴影；改变光束照射角度，则观察到表面凸起部分与周围被检物有明显分界线，判定为起皮。

3）拉线和划痕。在光束照射下，观察到表面存在较规则的连续长线，判定为拉线。

4）凹坑凸起。光束以一定角度照射时，与周围被检物边界连续，无分界线。离光源近的部分有阴影，离光源远的地方有亮影，为凹坑。光束以一定角度照射时，与周围被检物边界连续，无分界线。凸起部分有亮影，且背后阴影为凹坑。当凹坑较深或凸起较高时，可测量探头的测量影线会发生弯折。

5）斑点。在光束照射时，观察到与周围被检物色泽不同的光滑无凸凹表面为斑点。

6）腐蚀。光束照射下，观察到块状、点状不光滑表面，在一定放大倍数下轻微凹凸不平为腐蚀。

7）未焊透。观察到熔化金属与母材、焊缝层间有明显的分界线。

8）焊漏。光束以一定角度照射时，观察到与熔化金属相连，无分界线的凸起时为焊漏。

9）多余物。光束以任意角度照射时，存在与周围基本被检物颜色、亮度有差异的结构以外的物体为多余物。

10）装配缺陷。检测时观测到不符合图样技术条件的结构现象。

11）尺寸测量。在有要求时可用测量探头测量形位尺寸。

5. 图像资料的处理

内窥镜检测分析的缺陷图像应进行存盘，存盘图像应清晰，对缺陷部分可作放大处理。存盘时应合理分配图像所占存储器物理位置。

### 7.4.2 内窥检测规范

1. 范围

该规范规定了内窥检测的定义、分类、仪器、一般要求等。

2. 定义

内窥检测是一种利用工业内窥镜对容器、管道、不可拆卸设备的内部、狭小缝隙的内表面、水油等液面以下部位和特殊环境下人视力无法直接观察到的区域进行质量检测的方法。

工业内窥镜一般可分柔性镜（包括视频镜、光纤镜）和刚性镜（直杆镜）两种类型。

通道是指内窥镜探头由外部进入被检产品内部，到达检测区域的通路。

3. 分类

根据动力装置及其零部件内窥检测对结果及设备的具体要求，将内窥检测分为A、B两个级别。

A级（普通级）：只需利用内窥镜对产品进行直接观察，对观察结果进行定性分析，无需对检测对象进行图像采集和测量。多用于产品内部多余物控制、结构分析等一般的内窥检测。

B级（高级）：在内窥检测过程中，需要对检测结果图像进行记录，并对结果进行有效测量及对比分析。多用于重要零部件的质量检测，产品结构及缺陷大小的定量分析。

内窥检测的级别、测量要求由相关产品生产、检测工艺文件规定，并提出具体要求。无明确要求时，按A级（普通级）标准执行。

**4. 一般要求**

（1）检测环境　内窥检测场地周围应无强电磁干扰及剧烈的电压波动。环境温度、湿度应满足设备的使用要求。检测不允许在强烈光线下进行。

（2）人员　内窥检测人员应经过专门的技术培训，能熟练掌握内窥检测设备的使用，并了解被检产品的内部结构及生产工艺要求。熟悉相关检测标准、规则、条款、设备和操作程序，产品的生产工序。从事内窥检测的人员应有相关的资格等级证书，并具有一定的视力及颜色分辨能力。

（3）仪器设备　内窥检测系统一般由照明光源、探头、控制系统、观察监视系统等部分组成。内窥检测照明光源色温应不低于5600K，照明强度不低于2600 lm。探头视角大于50°，并至少具有0°、90°两个观察方向。探头应具有防水、防油功能，保证探头在接触水、油等介质的条件下安全工作。头部连接透镜的探头应采用安全可靠的连接方式，确保透镜在工作过程中不会脱落。-10~80℃温度范围内，探头应能长时间正常工作。具备转向功能的探头应有防转向过载功能。系统应具备手动或自动对焦、自动光强度调整及手动光强度调整功能。系统应具有专用接口可外接监视系统。

**5. 检测产品的处理**

1）进行内窥检测的产品温度应在-10~80℃，否则应进行必要的处理。

2）进行内窥检测的产品不应残存有强酸、强碱、强腐蚀等对探头、窥镜有损害的化学物质。如不能判别残留物对探头是否有害，应进行必要的工艺验证。

3）应先用内窥镜对所有检测部位进行扫查，以确定是否有多余物和影响检测的表面覆盖物等。

4）除非另有规定，测量部位上一般不得有锈蚀、油脂、漆、镀层等影响检测的各种覆盖物。

5）一般情况下，内窥检测前不允许采用打磨、喷砂等处理方法，如必须对工件进行处理时，应尽量采用高压气冲、酸洗、冲洗、去除毛刺等工作，以清除探头经过路径及检测部位上的多余物、覆盖物等。

**6. 安全防护**

1）动力装置、含油产品、火工品等危险品在内窥检测前应进行有效接地，并采取消除静电等措施。

2）内窥检测设备应进行独立接地，保证工作过程中无静电积累。

**7. 探头的选择**

1）内径均匀的管路、孔洞，选择的探头直径一般不大于管路、孔洞内径的4/5；弯曲、内径不均匀的管路、孔洞，选择的探头直径一般不大于管路、孔洞平均内径的2/3。

2）优先选择直径较大的探头，可提高检测的清晰度。

3）探头的最小弯曲半径应满足产品弯曲要求。

4）硬度低、表面粗糙度高的工件，应使用塑料外层探头，避免工件被探头划伤。

**8. 检测程序**

1）了解检测工件的内部结构特点、检测具体内容、位置。

2）按程序展开并连接仪器，检查电源、接地是否可靠，仪器放置安全平稳。

3）选择合适的探头、镜头，检测中尽量使镜头对准检测区域。

4）如对工件的内部结构无法了解或结构复杂，可使用观察镜头观察后再进行检测。

5）检测过程中应采用边进边退形式，确保探头顺利到达指定部位。

6）探头在推进过程中如遇到明显阻力时，应立即停止前进。

7）探头退出时应缓慢，如被卡住不能用力拉，以免损坏工件或探头。

8）一般探头的移动检查速度不超过 10mm/s，应使图像平衡，利于观察。大面积扫查时应采用直线扫描方式，每次扫查宽度不超过 20mm，且不得超过探头的观察范围。

9）对采集的图像进行处理分析。

10）按规定清洁探头，整理仪器、现场。

9. 检测工艺要求

1）当进行批量检测或有明确要求时，应编制内窥检测工艺。

2）检测工艺一般包括以下内容：

① 被检测产品的名称、图号、位置、通道。

② 检测范围、要求及检测示意图等。

③ 使用的检测方法、级别。

④ 待检部位的表面情况，待检部位的表面处理要求。

⑤ 需要进行检测时，产品的生产工序。

⑥ 人员要求。

⑦ 产品验收的技术标准。

⑧ 检测工装、辅助照明（类型、等级和方向）。

⑨ 使用的内窥检测设备包括内窥镜及探头的类型、直径、型号，内窥测量的位置及精度。

⑩ 检测报告要求。

3）内窥检测工艺应由专人编写、审批后执行。

4）管道的内窥检测应采用广角直视探头，探头直径与管道内径相适应。

5）检测方法：

① 直接检测：指直接用肉眼通过直杆镜、光纤镜的观察窗口进行检测，一般只用于 A 级。

② 视频检测：将内窥图像转化为视频图像，通过显示器检查产品质量。

6）通道选择要求：

① 通道应尽量靠近需检测位置，选择长度最短的通道。

② 尽量减少探头需要弯曲的次数及程度。

③ 首先选择由上到下，由高到低的通道。

④ 优先选择宽阔的通道。

⑤ 推荐使用工装保证探头在产品通道中的正确方向。

⑥ 应采用边观察边通过的方法在通道中行进。

7）注意事项：
① 不要用探头去接触多余物。
② 使用最佳的光线方向有利于观察。
③ 避免强光的干扰。
④ 选择色温高的光源。
⑤ 使用与表面反射性质相适应的照明条件。

10. 内窥测量

1）一般要求。内窥测量是在放大的条件下对产品进行检测的，测量精度与放大倍数、镜头参数、镜头到物体的距离、采集图像的清晰度等因素有关。一般放大倍数越大，内窥测量的精度越高，只有在较大的放大倍数及正确操作下，才能得到可靠的测量结果。

2）内窥测量应具有点点、点线、深度的测量功能。可采用阴影测量法、双物镜测量法、比较测量法等。

3）阴影测量法：利用阴影投射及三角几何原理。
① 平面测量。当被测物体为平面且镜头与被测物体垂直时，阴影会形成一条竖直的直线。
② 斜面测量。当镜头与被测物体倾斜成一定角度时，阴影会形成一条倾斜的直线。测量只能在阴影上进行。
③ 深度测量。测量物体两表面高度差或深度差。镜头必需与被测面垂直，阴影跨在测量处，此时阴影形成一折断线。

4）双物镜测量法：利用三角几何原理。

5）比较测量法：利用同一观察面上已知尺寸进行比较测量。

11. 测量试块

1）具有测量功能的探头应使用专用测量试块对测量精度及误差进行校对。

2）测量试块应能满足点点、点线、深度的校对功能。

3）每次测量前都应先使用测量试块进行校对。更换探头、镜头后应重新校对。

4）当探头不能满足试块的测量精度时，应仔细调节设备，或在测量结果后注明实际的试块测量精度。

12. 测量精度

1）具有测量功能探头的测量精度应满足工件的测量要求。

2）一般情况下，点点、点线等线性测量：$L \times 5\%$（$L$ 为测量的长度数值，在 0～25mm 之间）；深度测量时为：$H \times 5\%$（$H$ 为测量的深度数值，在 0～25mm 之间）；

3）只有在适当检测条件及正确操作时才能达到规定的测量精度。

13. 内窥检测灵敏度及验证

1）内窥检测灵敏度：是指内窥检测能发现最小缺陷的能力。

2）内窥检测灵敏度至少应满足：能够发现产品上所允许的最小缺陷的要求。

3）可采用验证试样来证明检测灵敏度是否满足产品检测的要求。试样应尽可能与产品相似，包括生产工艺、表面质量、检测通道。试样也可采用经过检验的同一产品或经过其他方法测定的参考系统替代。

4）在产品的内窥检测前，一般需要对内窥检测设备、检测程序按检测工艺的要求进行灵敏度验证试验，以确保检测质量。当检测设备和操作程序的变化对检测结果灵敏度等级没有影响时，可不需进行验证试验。

14．检测报告

内窥检测报告一般应包括以下内容：

① 产品名称、检验部位、测试范围、检测日期和地点。
② 使用的检测方法、检测级别。
③ 采用的检测及判定标准。
④ 使用的内窥设备及系统设置。
⑤ 检测单位、检测评定人员签名、印章、签字和日期等。
⑥ 检测物体及缺陷的描述和评定。
⑦ 适当时，应对检测部位进行标记。

## 7.5 内窥检测验收标准（模拟）

为开展培训工作特编写内窥检测模拟验收标准，规定了内窥目视检测的验收条件及合格判据。

### 7.5.1 适用范围

该标准适用于国防科技工业中各种管道、容器、孔洞等产品内壁表面质量的内窥检测验收细则。

### 7.5.2 验收细则

1）检查所有随产品提供的技术及质量证明文件是否完整。
2）所有管道内壁不允许有可见的裂纹。
3）所有管道内壁不允许有明显可见的起皮。
4）所有管道内壁不允许有明显可见的划伤，划痕应如实记录。
5）所有管道内壁不允许有明显可见的腐蚀现象，锈蚀应如实记录。
6）焊接产品内表面不允许有明显可见焊接飞溅物。
7）焊接产品内表面不允许有明显可见未焊透。
8）管路焊缝上明显焊漏应如实记录，但焊漏不应超过管路内径的1/3。
9）如实记录焊缝表面颜色。
10）孔洞内表面不允许有明显可见毛刺、飞边。
11）管道、容器、孔洞不允许有明显可见各种多余物。

### 7.5.3 结果处理

1）出现以上情况的产品不予以验收。
2）对所有出现问题的产品应记录其表面质量情况，做出标记并与其他产品隔离。

## 7.6 国外目视检测标准情况

国外对目视检测技术及相关标准的研究制订工作进行得比较全面,应用也比较广泛。尤其在欧美等科技发达国家对目视检测标准研究与制定已达到较高的水平。目前美国ASME标准、法国RCC—M标准、英国BSEN标准等都有目视检测方面的具体内容,并形成不同的标准化体系。

### 7.6.1 美国ASME规范

"ASME 锅炉及压力容器规范"是美国机械工程师协会(American Society of Mechanical Engineers)于1911年成立的锅炉及压力容器委员会所制定的,目的在于提供控制设计、制造和检验等质量的有关规则。这些规则平衡了用户、制造厂和检验师的要求,并为锅炉和压力容器在使用中保留了一定的安全裕度,为防止破损和对生命财产安全提供合理可靠的保护。

ASME规范随锅炉及压力容器工业的技术水平和工艺水平的发展而进行补充和修改变更。增补资料每年出版一次,每三年又重新再版一次,再版时这些增补资料全部汇集在新版中。因而,近十年来ASME的增补和修改变更占了很大的份量。

ASME规范总共11卷,总体结构如下:

第 I 卷　动力锅炉

第 II 卷　材料技术条件

A 篇——钢铁材料

B 篇——有色金属材料

C 篇——焊条、焊丝及填充金属

第 III 卷　核动力装置设备 NCA 分卷

第一册及第二册总的要求

第一册

NB 分卷——一级设备

NC 分卷——二级设备

ND 分卷——三级设备

NE 分卷——MC 级设备

NF 分卷——设备支承结构

NG 分卷——堆芯支承结构

附录

第二册

混凝土反应堆容器及安全壳规范

第 IV 卷　采暖锅炉

第 V 卷　无损检验

第 VI 卷　采暖锅炉维护和运行的推荐规程

第 VII 卷　动力锅炉维护的推荐规程

第VIII卷 压力容器
第IX卷 焊接及钎焊评定
第X卷 玻璃纤维增强塑料压力容器
第XI卷 核动力装置设备在役检验规程

1. 目视检测方法要求

美国 ASME 规范第五卷第 9 章对目视检测的适用范围、检测规程、检测方法、检测报告等方面给出了具体的要求。

（1）适用范围 当"规范"的有关卷规定应进行目视检测时，采用该章所包括目视检测的各种方法和要求。该章仅规定了目视检测的方法标准，目视检测的验收标准在"规范"其他章节中规定。

（2）检测规程 "规范"要求各种目视检测按照制造厂所制订的书面检测规程以及所述的各项条件进行，制造厂应将书面检测规程的复印本以及准备要作检测的项目清单送交检测师认可。

（3）检测清单 应根据"规范"的要求，将需要检测的项目编制成检测清单，按照检测清单所列的项目实施检测。检测清单还可以验证所有目视检测项目完成情况。这一检测清单规定的是最低限度的检测和检查要求，制造厂在生产过程中可以根据需要进行更多的检测项目。

（4）方法概述 一般说来，目视检测是用于确定下列这样一些事情，如零件的表面状态、配合面的对准、形状或是泄漏的迹象等。此外目视检测还用于确定复合材料（半透明层压板）表面下的状态。

1）直接目视检测。当能够充分靠近，而使眼睛离被检表面不超过 600mm，与被检表面所成的视角不小于 30°时，则一般可采用直接的目视检测，可以采用反光镜来改善观察的角度，并可借助于放大镜之类来帮助检测。在作直接检测时，具体的零件、部件、容器或容器的某个部位应有照明，如有必要可用手电筒或其他人工的照明。一般检测时，至少要有 160lx 的强度，而用于探测或研究一些小的异常区时，则至少要有 540 lx 的强度。从事目视检测的人员，应每年检查一次视力，以保证有正常的或是经过矫正的近距离视力，能读出用于近距离视力标准耶格（Jaeger）测验图表上的各标准 J-1 字母，也可以采用与此相当的其他方法。

2）远距离目视检测。在有些情况下可能需以远距离的目视检测来代替直接检测。远距离的目视检测还可以辅以各种反光镜、望远镜、内窥镜、光导纤维、照相机或其他合适的仪器。这些系统的分辨能力，至少应和直接目视检测相当。

3）半透明目视检测。半透明的目视检测是直接检测的一种补充。半透明的目视检测方法要借助于人工照明，其中可以有一个能产生定向光照的光源，光源应有一定的光照强度，能照亮并均匀地透过被检测的区域或部位。环境的照明要作适当的布置，以避免在检测时表面发眩光或从被检表面反光，并要比透过被检区域或部位的光弱。人工光源的强度，应能用于检查半透明层压板的任何厚度零件。

（5）书面的检测规程

1）目视检测需要有书面的检测规程，规范的检测过程至少应包括下列一些内容：

① 目视检测是如何进行的。
② 所涉及的表面状态类型。
③ 所用到的表面制备方法和工具。
④ 采用直接观察或远距离观察。
⑤ 所用到的特殊照明、仪器和设备。
⑥ 所采用的检测顺序。
⑦ 如有可能将数据制成表格。
⑧ 需填写的报告格式或一般的说明。

2) 在某些情况下，针对某一特定的部件或表面制定专用检测规程可能更好，例如一根管子或不同尺寸管子离开端口若干距离处的焊缝内表面检测。但一般来说，检测规程可以写成通用格式，使其能够不作修改而应用于其他没有包括在内的产品或情况，这样可以减少所要求的书面规程的数量。

3) 检测规程应包括或列出用以证明该检测规程确是合适可用的要求。用于这种证明的试验方法，通常可以考虑采用一条宽度等于或小于 0.8mm 的细线或其他的人工缺陷，位于被检测的表面或与其相类似的表面上。线或人工缺陷应位于被检测部位中最不利于辨认的位置，并以此来验证规程。

（6）检测报告  目视检测完成后，应提供一份书面的检测报告，报告应包括：

1) 试验的数据，所采用的规程以及所得到的结果。报告中应列出各种照明光源、仪器、设备以及工具等，以备在以后的检测中能够取得它们或与它们相当的代用品。填写时也可以只列出目视检测规程的编号。

2) 制造厂有权按自己的意见，对每一件产品签发证书，也可以按照工件的区域或类型分别签署记录报告，也可以将这两种方法结合起来使用。

3) 在目视检测的过程中，为了便于评定，既使尺寸类参数也要作记录，但不需要将每一次的观察或尺寸的检查都写成报告。报告中应包括该"规范"有关卷规定要写入的所有观察和尺寸的检查。

4) 目视检测报告应有检测人员的签名。

  2. 验收准则

ASME 规范中对不同类型、不同等级的产品和部件提供了不同要求的验收要求，在此仅介绍一些主要的和常用的验收要求。

（1）焊缝检测验收准则

1) 核级部件焊接接头的外观检查，下列缺陷是不可接受的：
① 裂纹和未熔合。
② 超过下列规定的表面气孔：
Ⅰ 呈直线分布且边到边的距离小于或等于 1/16 in（1.6mm）时，4 个或 4 个以上的大于 0.8 mm 的气孔。
Ⅱ 对于最不利位置的缺陷，在 150 mm 范围内的焊缝表面，10 个或 10 个以上的大于 0.8 mm 的气孔。
Ⅲ 体积形缺陷最大直径不超过 3.2mm。

③ 对于容器、泵、阀门、罐的焊缝内外表面余高的高度不超过表 7-1 规定的范围。

表 7-1　容器、泵、阀门、罐的焊缝内外表面余高范围

| 壁厚度/mm | 余高/mm |
| --- | --- |
| 小于等于 25.6 | 2.4 |
| 25.6～52 | 3.2 |
| 52～78 | 4.0 |
| 78～102.4 | 5.6 |
| 102.4～128 | 6.4 |
| 大于 128 | 8 |

④ 对于管道双面焊接头，表 7-2 中第一列的余高范围适合于此类接头的内外表面；单面焊对接接头，表中第一列适用于焊缝外表面，第二列的余高范围适用于内表面。余高的值由相邻焊缝表面的最高点确定。

表 7-2　管道焊缝内外表面余高范围

| 壁厚度/mm | 余高/mm | |
| --- | --- | --- |
| | 焊缝外表面 | 焊缝内表面 |
| 小于或等于 3.2 | 2.4 | 2.4 |
| 3.2～4.8 | 3.2 | 2.4 |
| 4.8～12.6 | 4.0 | 3.2 |
| 12.6～25.6 | 4.8 | 4.0 |
| 25.6～52 | 6.3 | 4.0 |
| 大于 52 | 不大于 6.3mm 且不超过焊缝宽度的 1/8 倍 | |

⑤ 咬边和根部凹陷。咬边深度不超过壁厚的 10% 且不超过 0.8mm，根部凹陷不超过所需的最小截面厚度。

⑥ 组对部件的错边量。组对部件焊接后的最大错边量应不超过表 7-3 中的范围。

表 7-3　组对部件焊接后的最大错边量

| 壁厚度/mm | 纵向 | 环向 |
| --- | --- | --- |
| 小于或等于 12.6 | $t/4$ | $t/4$ |
| 12.6～19 | 3.2mm | $t/4$ |
| 19～38.4 | 3.2mm | 4.8mm |
| 38.4～52 | 3.2mm | $t/8$ |
| 大于 52 | 小于 $t/16$ 且小于 9.6mm | 小于 $t/8$ 且小于 19mm |

$t$ 为最薄部件的厚度

2）非核级部件焊接接头外观检查，下列缺陷是不可接受的：
① 裂纹、未熔合和未焊透。
② 咬边超过 0.8mm 深且不能咬入所需的最小截面厚度内。
③ 焊缝余高超过表 7-4 的数值。

表 7-4 非核级部件的焊缝最大余高

| 厚度/mm | 余高/mm |
| --- | --- |
| 小于或等于 3.2 | 2.4 |
| 3.2~4.8 | 3.2 |
| 4.8~12.6 | 4.0 |
| 12.6~25.6 | 4.8 |
| 25.6~52 | 6.3 |
| 大于 52 | 大于 6.4mm 或焊缝宽度的 1/8 倍（内） |

注：1. 对于双面焊对接焊缝，上述的余高限制尺寸适用于焊缝的内外表面。
  2. 对于单面焊对接焊缝，上述的余高限制尺寸仅适用于焊缝的外表面。
  3. 焊缝余高的厚度应以接头最薄件的厚度为准。
  4. 焊缝余高应由相邻焊缝表面的最高点确定。

（2）设备支承的结构完整性验收准则

不合格且不能继续使用的设备支承件应包括下述情况：

1）紧固件、弹簧、夹子或其他支承构件发生变形或结构劣化。

2）支承构件的掉失、脱开或分开。

3）严格要求公差的机加工表面的滑动面上有电弧坑、焊接飞溅物、油漆、划痕、粗糙或均匀腐蚀。

4）流体的漏失超过规定的限值或没有流体指示（仅对液压阻尼器）。

5）不适应的热点或冷点（阻尼器和弹簧支承件）。

除上述所述的情况外，下面是一些有关情况的例子：

1）加工痕迹（例如由冲孔、划线、弯曲和滚压、机加工形成的痕迹）。

2）油漆剥离或褪色。

3）公差要求不严格的机加工表面或滑动面上有焊接飞溅物。

4）划痕和表面磨痕。

5）不降低支承件承载能力的表面粗糙或均匀腐蚀。

6）材料、设计和施工条件允许的一般情况。

（3）螺栓检测验收准则

1）螺纹面、光杆部分和最后机加工部分的头部不应有有害的不连续缺陷，例如对工作有害的折叠、发纹、或裂纹等。

2）螺栓在役检测验收要求，螺栓在继续使用之前不应有以下情况：

① 裂纹。非轴向显示的长度不得超过 6mm，轴向显示的长度不得超过 25mm。

② 在螺栓、双头螺栓、螺母的啮合区域形成超过一个的斜裂纹或变形。

③ 局部的均匀腐蚀、螺栓、螺母的横载面积减少大于 5%。

④ 螺栓的弯曲、扭转或变形导致妨碍装卸的程度。

⑤ 螺栓、双头螺栓、螺母、或垫圈丢失或松动。

⑥ 螺栓、螺母、或双头螺栓断裂。

⑦ 螺栓表面保护膜的剥落。

⑧ 螺栓附近冷却剂泄漏痕迹。

3）锻件、板材和铸件。这类工件一般不允许存在有害的表面不连续缺陷，例如裂纹、折叠、发纹、夹杂、分层等。可以通过修磨的方法进行表面缺陷清除，但是修磨后的厚度应满足技术条件的要求，如果经过测量这些缺陷在以后的加工中被加工切除掉，则这些缺陷可以被接受。

4）传热管。热交换器用传热管在制造安装中应符合以下要求：
① 管子内外直径符合技术条件的要求。
② 在 5s 内以不低于 1.7MPa 的内部气压试验，无任何泄漏。
③ 每根管子在设计压力的 1.25 倍下进行水压试验时，无任何泄漏。
④ 管子安装前不允许存在不连续缺陷，例如折叠、缝隙、裂纹。

### 7.6.2 法国 RCC—M 标准

RCC—M 标准是法国压水堆核电站核岛机械部件设计建造规则，是法国核电站设计建造规则中的一部分。法国核电锅炉设备设计建造规则协会于 1980 年组成后开始根据美国 ASME 锅炉与压力容器规范第 III 卷（NB、NC、ND、NG、NE）和法国工业发展的实践经验编制并陆续发行核电设计建造规则，自 1983 年以来每 5 年修编一次。

第 III 卷为检验方法（MC 卷）。该卷分 9 章，涉及内容如下：

MC1000　力学、物理、物理化学、化学试验
MC2000　超声波检验
MC3000　射线照相检验
MC4000　渗透探伤
MC5000　磁粉探伤
MC6000　管材涡流检验
MC7000　其他检验方法
目视技术
表面状态测定
检漏技术
MC8000　无损检测人员证书颁发
MC9000　名词术语

1. 目视检测方法要求

法国 RCC—M 标准第 III 卷 MC7000 对目视检测方法提出了应当满足的要求，这些要求包括：检测对象、文件、检测装置、对比试样、检测区域、检测条件和检测报告等。

（1）适用范围　本分章阐述由该标准集第 II 卷和第 I 卷中 4000 章规定的和用目视检测方法检查表面缺陷的一般条文。

（2）检测文件　目视检测必须按预先制定文件的规定（方法、说明书）进行，这些规定应与有关章节的要求一致，至少包括以下内容：

1）被检件的类型、形状尺寸。
2）参照该标准集的有关章节和其他可采用的资料。

3) 被检装置：放大镜、内窥镜。
4) 检测条件：被检区域，表面状态，直接或间接检测方法等。
5) 验收准则。

（3）检测装置

1) 直接目检法。用放大 6 倍以下放大镜（可能的话）作肉眼检测。

2) 间接目检法。无法直接观察的区域，可采用反光镜、内窥镜、复膜等间接方法，或其他适合的方法或仪器进行检测。这些器械必须至少具有与直接目视相当的分辨能力。

（4）对比试样　与被检件进行目测比较的对比试块（不是表面状态标准试块）可由制造者提供。

（5）检测实施方法

1) 检测阶段。目视的检测阶段，在该规范的其他卷中规定。

2) 被检区域。被检区域及相应的检测面积，在该规范的其他卷中规定。

3) 检测条件。被检区域必须无任何可能影响和评判的杂质。

如达到上述要求后，应采用大于 30°的视角及不超过 600mm 的距离，检测被检表面。日光或灯光必须能在灰色参考背景上分辨出一条 0.8mm 宽的黑线。灰色参考背景的反射率约 18%。

（6）检测报告　检测报告必须包括以下内容：

1) 制造者识别标志，订单号以及设备型号。

2) 被检件或焊缝区域的识别标志，并注明其钢号。

3) 目视检测所用规范的编号。

4) 检测阶段。

5) 所用方法。

6) 所用装置。

7) 检测人员姓名。

8) 在分包情况下，检测负责单位名称。

9) 检测日期和检测人员签名。

为避免大量抄写或重复相同内容，检测报告可附有制造者认可的文件，其上应列有某些上述条文。

2. 验收准则

RCC—M 规范对不同类型、不同等级的产品和部件同样提供了不同要求的验收要求，在此仅介绍一些主要的和常用的验收要求。

（1）焊缝检测验收准则

1) 待焊表面检查的验收准则：

① 坡口形状、尺寸、厚度、椭圆度符合技术条件或图样的要求。

② 表面粗糙度公差满足图样或技术条件的要求。

③ 待焊表面不允许存在任何影响焊缝质量的缺陷。

2) 焊缝检查的验收准则：

① 任何焊瘤、未焊透、咬边都是不允许存在的。

② 对于仰焊凹坑应不大于 0.5mm。对于其他所有焊缝凹坑都是不允许存在的。

③ 对接焊缝余高不得超过表 7-5 的数值。

表 7-5　对接焊缝余高限值

| 1 级对接焊缝余高最大允许值 | | | |
|---|---|---|---|
| 焊缝余高最大允许值/mm | 封底焊缝 | 正面 | 背面 |
| | | | 1/10 焊道宽度+1mm |
| | 无封底焊缝 | 1/10 焊道宽度+1mm① | $t/20+0.5$mm |
| | | | 最大为 1.5mm② |
| 2 级和 3 级对接焊缝余高最大允许值 | | | |
| 焊缝余高最大允许值/mm | 封底焊缝 | 正面 | 背面 |
| | | | 1/10 焊道宽度+2mm |
| | 无封底焊缝 | 1/10 焊道宽度+1mm | $t/10+1$ （见注） |
| | | | 最大为 3mm |

注：对于管道的对接焊缝，内表面焊缝余高最大允许值增加到：

$e \leqslant 5$mm 时　　　为 2mm；

5mm$<e \leqslant 10$mm 时　为 2.5mm；

$e>10$mm 时　　　为 3mm。

① 对于管道上未平整的焊缝，允许最大余高不得超过下列值：

$t \leqslant 5$mm 时　　　为 1.5mm；

5mm$<t \leqslant 10$mm 时　为 2mm；

$t>10$mm 时　　　为 2.5mm。

$t$ 为管道厚度的名义尺寸。

② 对于管道的对接焊缝，背面允许最大余高不得超过下列值：

$t \leqslant 5$mm 时　　　应限制为 1.5mm；

5mm$<t \leqslant 10$mm 时　为 2.5mm；

$t>10$mm 时　　　为 3mm。

3）焊缝错边量应满足下列规定的要求：

① 相同厚度两个零件双面焊或从另一侧可以接近的单面焊接接头的内表面对口允许错边量见表 7-6。

表 7-6　焊接接头内表面对口允许错边量（适用于 1 级、2 级和 3 级设备）

| 厚度 | 最大允许错边量 |
|---|---|
| $t<12$ | $t/4$ |
| $t \geqslant 12$ | $t/10+2$（最大 8mm） |
| $t$—装配件的厚度 | 3 级设备的最大值为 10mm |

② 不同厚度的两个零件之间的厚度中心线错开，以使内表面最大的错边量小于表 7-6 给定值（此时 $t$ 取最薄零件的厚度）。

③ 内表面不可接近的焊缝外表面错边量应满足表 7-6 的规定，$t$ 应取薄零件的厚度。

（2）锻件检测验收准则

1）尺寸等于或大于 1mm 的任何缺陷应予以记录。

2）锻件必须完好无损，不允许有条纹、裂纹、划痕结疤或其他有害缺陷存在。

（3）板材检测验收准则

1）表面缺陷检测时尺寸大于 1mm 的痕迹都应予以记录。

2）钢板表面应平整均匀，无波纹、无划痕、无折叠、无裂纹、无磨损及其他有害缺陷。

3）钢板切割到交货尺寸后，无分层存在。

（4）管材检测验收准则

1）应仔细检查管材的内、外表面，不应有轧制或拉拔痕迹、纵向划痕、发纹、气孔、砂眼、波纹及其他有害缺陷。

2）热交换器用合金管除 1）要求外，内外表面应清洁、光滑，不允许有氧化或碳化的痕迹。裂纹、毛刺、龟裂、划痕和搬运造成的损伤也是不允许的。

## 复 习 题

1．简述目视检测人员的资格要求。

2．目视检测方法标准（模拟）对哪七方面的要求作出了具体规定。

3．简述目视检测方法标准（模拟）中对照明条件的要求。

4．简述目视检测方法标准（模拟）中对检测工艺卡编制的要求。

5．简述目视检测验收标准（模拟）中对验收细则的要求。

6．航标 QJ2859—96 对裂纹、起皮、凸起和凹坑的判别标准是什么？

7．航标 QJ2859—96 对斑点、腐蚀、未焊透的判别标准是什么？

8．ASME 标准对目视检测的要求是什么？

9．RCC—M 标准对目视检测的要求是什么？

10．检测规程的主要内容有哪些？

11．检测报告的主要内容有哪些？

# 第8章 检测工艺规范的编写

产品生产制造过程中的无损检测,有能力实施检测的生产制造单位通常自己进行检测,也可能委托专业检测单位进行检测。产品使用过程中的在役检测一般由专业检测单位实施检测。无论由谁实施检测,委托单位都会将检测要求写在委托书中,提交给检测单位,检测单位根据委托书的要求编写检测工艺规范,检测人员根据检测工艺规范对工件进行具体检测,最后将检测结果填入检测报告,交给委托单位。

检测工艺规范分为检测工艺规程和检测工艺卡两种,下面分别加以介绍。

## 8.1 目视检测工艺规程

目视检测工艺规程是检测单位根据委托方的书面要求结合具体工件的结构特点以及有关法规、标准等而编制的。检测工艺规程应履行适当的审批手续。

### 8.1.1 管理性规定

检测工艺规程中的管理性规定通常包括(但不限于这些):
① 编制本规程的目的。
② 本规程适用的范围。
③ 所依据或参考的标准、法规和技术条件及其名称代号。
④ 对检测人员的要求。
⑤ 被检件的描述(类型、形状、尺寸、检测区域、表面状态)。
⑥ 规程编制、审核、批准人员的签名和日期。

### 8.1.2 技术性规定

检测工艺规程中的技术性规定通常包括(但不限于这些):
① 检测技术。
② 检测设备、器材和器具。
③ 检测时间。
④ 验收标准。

下面是焊缝外观目视检测工艺规程的范例,分别对检测工艺规程中管理性规定和技术性规定,进行了阐述。

[例] 焊缝外观目视检测工艺规程。

目视检测

| | | | | | | | | |
|---|---|---|---|---|---|---|---|---|

×××有限责任公司

# 焊缝外观目视检测工艺规程

| A | 2004.04.22 | XXX | YYY | ZZZ | 文件产生 | CFC | XYZ |
|---|---|---|---|---|---|---|---|
| 版次 | 日 期 | 编 制 | 校 核 | 审 核 | 修改说明 | 状 态 | 批 准 |

| 出版：×××有限责任公司 | 规程编号：GC0400-06-001 |
|---|---|

声明：
本程序内容属×××有限责任公司所有，未经同意不得引用、复制、借阅或发表。

## 焊缝外观目视检测工艺规程

## 文件更改记录单

| 版次<br>Rev. | 文 件 更 改 内 容<br>Contests Of Document Modification | 章节号<br>Para. No. | 页次<br>Page No. |
|---|---|---|---|
| A | 文件产生 | | |

| ×××有限责任公司 | 规程编码：GC0400-06-001 | 版次：A | 页次：1/9 |

# 焊缝外观目视检测工艺规程

目　　录

1．目的

2．依据标准、规范

3．适用范围

4．检测人员资格

5．表面条件

6．检测时间

7．检测技术

8．验收标准

9．报告格式和内容

附录1　结果清单

附录2　目视检测报告

| ×××有限责任公司 | 规程编码：GC0400-06-001 | 版次：A | 页次：2/9 |

# 焊缝外观目视检测工艺规程

1. 目的

本规程为焊缝外观目视检测工艺规程。

本规程描述了焊缝外观目视检测的检测条件和记录标准。

2. 依据标准、规范

ASME《锅炉及压力容器规范》第Ⅲ卷 NB 分册

GJB9712《无损检测人员的资格鉴定与认证》

3. 适用范围

本规程适用于焊缝外观的目视检测,内容包括:管道和设备的焊缝,检测涉及焊缝的整个宽度或被检区域的整个表面,以及焊缝两边各 25mm 宽的区域。

4. 检测人员资格

1)检测人员应持有国防科技工业无损检测人员资格鉴定与认证委员会颁发的 VT 有效资格证书。

2)检测结果的评定和检测报告的签发必须由 VT-II 级或 VT-II 级以上资格的人员担任。

5. 表面条件

5.1 标识号的核查

检测人员在实施检测之前首先检查被检设备和焊缝的标识号,应确保设备和焊缝的标识号准确无误。

5.2 表面准备

被检表面不得有影响检测和评定的任何异物。

6. 检测时间

外观目视检测应在焊后 24h 以后,其他无损检测方法检测之前进行,目的在于消除表面缺陷。

7. 检测技术

7.1 操作顺序

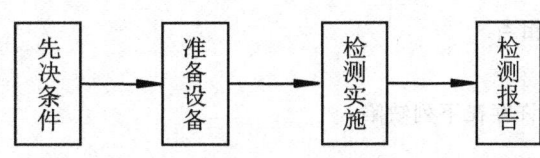

| ×××有限责任公司 | 规程编码:GC0400-06-001 | 版次:A | 页次:3/9 |

## 焊缝外观目视检测工艺规程

7.2 先决条件
1) 表面条件按第五节表面条件规定。
2) 必须向承担检测工作的检查人员提供专门的工作指令，包括：
（1）被检焊缝或设备及部件的位置。
（2）焊缝或零件的标识号。
3) 所用的设备必须处于良好状态。

7.3 准备设备
常用的目视检测设备有：
1) 放大倍数为3～6的望远镜。
2) 带照明的放大倍数为3～6的放大镜。
3) 光源。
4) 反射率为18%的中性灰卡。
5) 照度计。
6) 焊缝规。
7) 其他设备。

7.4 检测实施

7.4.1 直接目视检测

当被检物眼睛的距离小于600mm时，视线与被检表面的夹角大于30°时，则进行直接的目视检测；直接的目视检测用裸眼进行，如有必要，可用放大倍数小于6倍的放大镜；日光或人工光源应保证检测人员能分辨反射率为18%的中性灰度卡上0.8mm宽的黑线，或能分辨位于被检表面上的宽为0.8mm的黑线。

7.4.2 间接目视检测

无法直接观察的区域，可用间接方法进行目视检测，并借助辅助工具，如反光镜、内窥镜、光导纤维、照相机、复膜或其他合适的工具进行，但辅助工具的分辨能力至少应和直接目视检测相当。

8．验收标准
焊缝表面不允许存在下列缺陷：

| ×××有限责任公司 | 规程编码：GC0400-06-001 | 版次：A | 页次：4/9 |

## 焊缝外观目视检测工艺规程

1）裂纹。

2）未熔合。

3）超过下列规定的表面气孔：

呈直线分布且边到边的距离小于或等于 1/16 in（1.6mm）时，4 个或 4 个以上的大于 0.8 mm 的气孔。

对于最不利位置的缺陷，在 150 mm 范围内的焊缝表面，10 个或 10 个以上的大于 0.8 mm 的气孔。

体积形缺陷最大直径不超过 3.2mm。

4）余高。对于管道双面焊焊接接头，下表中第一列的余高范围适合于此接头的内外表面；单面焊对接接头，下表中第一列的适用于焊缝外表面，第二列的余高范围适用于内表面。余高的值由相邻焊缝表面的最高点确定。

| 壁厚度 | 最大余高超过 | |
|---|---|---|
| | 1 | 2 |
| ≤3.2mm | 2.4mm | 2.4mm |
| 3.2~4.8mm | 3.2mm | 2.4mm |
| 4.8~12.6mm | 4.0mm | 3.2mm |
| 12.6~25.6mm | 4.8mm | 4.0mm |

5）咬边和根部凹陷。咬边深度超过壁厚的 10%或超过 0.8 mm，根部凹陷超过所需的最小截面厚度。

6）错边量。组对部件焊接后的最大错边量应不超过下表中的范围：

| 壁厚度 | 纵向 | 环向 |
|---|---|---|
| ≤12.6 mm | $t/4$ | $t/4$ |
| 12.6~19mm | 3.2mm | $t/4$ |
| 19~38.4mm | 3.2mm | 4.8mm |
| 38.4~52mm | 3.2mm | $t/8$ |

| ×××有限责任公司 | 规程编码：GC0400-06-001 | 版次：A | 页次：5/9 |
|---|---|---|---|

# 焊缝外观目视检测工艺规程

9. 报告格式和内容

正式检测报告包括结果单（附录1）和检测报告（附录2）；报告内容分别包括结果清单和检测报告。

9.1 结果清单

结果表内至少包括下列内容：

1）规程编号和版次。
2）被检项目的标识号。
3）工件直径。
4）检测类型。
5）检测日期。
6）检测结果。
7）检测报告编号。
8）检测人员的姓名和签名。
9）报告审查人员的姓名和签名。

9.2 检测报告

检测报告有四种类型及其注释说明，缺陷示意图应至少有一个固定参考点，检测报告应至少包括下列内容：

1）委托单位名称。
2）检测区域标识（焊缝号或房间号）。
3）规程编号和版次。
4）直接目视检测/间接目视检测。
5）放大镜（放大倍数）。
6）聚光灯（用或不用）。
7）检测日期。
8）检测人员的姓名及签名。
9）报告审查人员的姓名和签名。

第8章 检测工艺规范的编写

**附录1**

## 焊缝外观目视检测结果清单

报告编号：

| 委托单位： | | 系统/部件标识号： | | 检测方法： | |
|---|---|---|---|---|---|
| 目视检测工艺规程名称/编号： | | | | | |
| 版次： | | | | | |

| 焊缝编号 | 尺寸 $\Phi/T$ | 检测结果 | 检测报告编号 | 日期 | 检测人员 | 签名 |
|---|---|---|---|---|---|---|
|  |  |  |  |  |  |  |
|  |  |  |  |  |  |  |
|  |  |  |  |  |  |  |
|  |  |  |  |  |  |  |
|  |  |  |  |  |  |  |
|  |  |  |  |  |  |  |
|  |  |  |  |  |  |  |
|  |  |  |  |  |  |  |
|  |  |  |  |  |  |  |
|  |  |  |  |  |  |  |
|  |  |  |  |  |  |  |
|  |  |  |  |  |  |  |

| 说明： |
|---|
|  |

| | 检测人员 | 审核人员 | 批准 |
|---|---|---|---|
| 姓　名 | | | |
| 技术等级 | | | |
| 签名/日期 | | | |

检测单位：×××有限责任公司　　　　　　　　　　　　　　　　　　　　　页次：7/9

目 视 检 测

附录 2

## 焊缝外观目视检测报告

报告编号：

| 委托单位： | | 系统/部件标识号： | | 检测方法： | |
|---|---|---|---|---|---|
| 目视检测工艺规程名称/编号： | | | | | |
| 版次： | | | | | |
| 仪器设备： | | 型号： | | 放大倍数： | |
| 检测方法：直接目视 □ 间接目视 □ | | | 照明方式：自然光 □ 人工照明 □ | | |
| 显示编号 | 位 置 | | 评 定 | | 处理意见 |
| | | | | | |
| | | | | | |
| | | | | | |
| | | | | | |
| | | | | | |
| | | | | | |
| | | | | | |
| | | | | | |
| | | | | | |
| | | | | | |
| | | | | | |
| | | | | | |
| | | | | | |
| | | | | | |
| | | | | | |
| | | | | | |
| | | | | | |

| | 检测人员 | 审核人员 | 批准 |
|---|---|---|---|
| 姓　名 | | | |
| 技术等级 | | | |
| 签名/日期 | | | |

检测单位：×××有限责任公司　　　　　　　　　　　　　　　　　　页次：8/9

## 焊缝外观目视检测报告附页

报告编号：

| 委托单位： | 系统/部件标识号： | 检测方法： |
|---|---|---|
| 目视检测工艺规程名称/编号： | | 版次： |
| 仪器设备： | 型号： | 放大倍数： |
| 检测方法：直接目视 □  间接目视 □ | 照明方式：自然光 □  人工照明 □ | |
| 缺陷（异常）位置示意图 | | |

| | 检测人员 | 审核人员 | 批准 |
|---|---|---|---|
| 姓　名 | | | |
| 技术等级 | | | |
| 签名/日期 | | | |

检测单位：×××有限责任公司　　　　　　　　　　　　　　　　　　　　　页次：9/9

## 8.2　检测工艺卡

　　检测工艺卡是指导检测人员对具体工件进行检测的工艺文件。每个单位中都有多种工艺卡，例如，机械加工的操作人员根据机械加工工艺卡按步骤对工件进行加工，焊接操作人员根据焊接工艺卡进行焊接等等。目视检测也有相应的检测工艺卡，用于指导检测人员对工件进行检测。不同的工件有不同的检测工艺卡，一般要求一卡一物，对号入座。检测人员根据检测工艺卡所规定的内容实施检测，来保证产品质量。

　　检测工艺卡主要内容包括工件基本情况、所使用的仪器设备、检测条件、检测方法、检测时机、检测部位（如有必要可画出被检部位的简图）、检测比例、检测步骤、验收要求、检测人员资格等，最后应有编制、审核、批准人员的签字和日期。

　　检测工艺卡与检测工艺规程的主要区别在于：检测工艺规程是根据委托书、法规和标准的要求编写的。内容多为一些原则性条款，不一定很具体，需得到委托单位的同意，检测对象可以是具体的某一工件，也可以是某类工件。检测工艺卡是根据检测工艺规程结合有关标准针对某一具体工件编写的，用于指导检测人员对工件进行检测，要求内容具体，一般要求一物一卡。此外检测规程以文字描述为主，检测工艺卡多为图表形式。表 8-1 为某单位管道焊缝检测工艺卡。

表 8-1　×××有限责任公司管道焊缝检测工艺卡

| 检测单位 | 管道焊缝目视检测工艺卡 | 委托单位 |
|---|---|---|
| ×××有限责任公司 | | ×××公司 |
| 工件名称：压力管道焊缝 | 试件规格：$\phi 660 \times 30$ | 材料：低碳钢 |
| 检测部位：外表面 | 检测比例：100% | 检测时机：焊后 24 小时 |
| 检测表面状态：焊后自然状态 | 检验方法：直接目视检测 | 灵敏度试件：18%中性灰卡 |
| 照明方式：人工照明 | 照度：>160 lx | 照明器材：手电筒 |
| 测量器具：焊缝规、直尺 | 验收标准：ASME Ⅲ—NB 分卷 | 检测人员资格：Ⅰ级或Ⅰ级以上 |

检测对象描述：

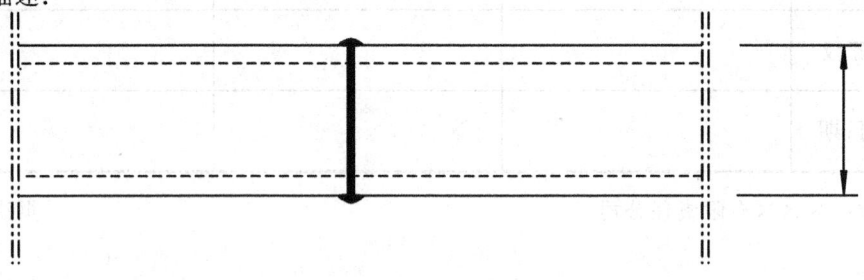

检测步骤及要求：

1. 用照度计测量环境照度。
2. 用 18%中性灰卡检查灵敏度。
3. 焊缝表面成形情况检查。
4. 焊缝表面缺陷检查（气孔、裂纹、夹杂、氧化皮、咬边）。
5. 最大错边量测量。
6. 最大余高处测量。
7. 咬边测量。
8. 焊宽测量。

| 编制 | ××× | 审核 | ××× | 批准 | ××× |
|---|---|---|---|---|---|
| 日期 | ××× | 日期 | ××× | 日期 | ××× |

## 复 习 题

1. 什么是检测工艺规程、检测工艺卡？
2. 检测工艺规程的主要内容有哪些？
3. 根据你单位的工作实际情况编制一份目视检测工艺规程。
4. 工艺卡的主要内容有哪些？
5. 根据你单位的工作实际情况编制一份目视检测工艺卡。

# 第 9 章 目视检测的质量管理

目视检测是对设备、产品以及零部件的表面状态进行观察的一种无损检测方法，由于目视检测方法简单易于掌握，对缺陷的观察直观明了，因此在产品生产制造、调试安装以及使用过程中得到广泛的应用。

目视检测的质量直接关系到产品最终的质量，其本身工作质量的可靠性，在很大程度上决定了产品的最终质量以及安全使用的可靠性，也就是说目视检测体系的可靠性是保证产品安全使用的重要条件之一。很显然，如果目视检测体系本身不可靠，产品的最终质量就很难得到保证，就很难得到客户的充分信任和满意。

目视检测方法的质量管理和质量控制与其他无损检测方法的控制方法基本相同，主要控制的方面就是要求由合格的人员使用合格的设备，按照批准的文件进行目视检测工作。目视检测的质量控制就是要在这三方面进行控制管理。

## 9.1 人员要求

从管理学角度来说，人是最难得到有效控制的一环。检测结果的准确性在很大程度上取决于从事检测人员的技术水平和工作态度。从事检测人员的素质和技能是决定检测工作质量的先决条件，是达到检测质量目标的关键因素，因此必须得到有效的控制。

检测人员能力评价可从以下两个方面进行。

（1）基本要求　检测人员的教育程度、工作经验、基本知识培训的经历和历年来在工作中的态度。

（2）专业技能　检测人员必须经过目视检测的专业资格鉴定考试，并取得相应的专业资格证书。上岗操作前还必须进行岗前业务技能培训，熟悉将从事的工作的性质，工作程序和要求并了解自己的质量责任。只有通过岗前业务技能培训，并经适当授权执行特定检测任务。

## 9.2 仪器设备和环境控制

俗话说工欲善其事必先利其器，检测设备和环境的优劣直接影响到检测质量，它是检测质量保证的前提。所有对检测结果的准确性和有效性有影响的设备在投入使用前都应进行标定或检定与校准，应制定一个对测量和检测设备的标定/检定计划。该计划应保证其所进行的测量能溯源到相应的国家计量标准。标定/检定证书应显示对国家计量基准的溯源情况，应提供测量结果以及相关的测量不确定度。如果溯源到国家计量基准不适应时，应对其测量结果间的相互关系提供足够的证据，一般通过参加适当的比对或验证试验计算来做到。

目视检测设备主要包括：内窥镜、检验尺、照度计、灰卡等。这些设备器具应有定期鉴定合格标识和完整鉴定记录。

内窥镜作为目视检测的主要设备应得到有效的控制。视频内窥镜是由光学系统和电学系统组成的精密设备应得到良好的维护，使用时必须严格按照仪器操作步骤进行。目前内窥镜都由各使用单位自行进行检定及自检，自检一般每年进行一次，自检的内容有照明系统、光学系统和显示系统。对于具有测量功能的内窥镜还应定期校准测量系统的精度。检测实施前还应检查测量系统的精度。用于标定测量系统精度的标准试件必须每年送国家认可的鉴定机构进行计量鉴定。

光纤内窥镜和直杆内窥镜同样也必须定期进行自检，特别是光纤内窥镜由于它是由一组极细的光纤组成，光纤的折断就会在显示中出现黑点，影响到这部分的观察，当黑点超过一定数量后就不能使用了。因此在使用过程中必须非常小心。

检验尺、照度计、灰卡等量值传递器具每年或维修后必须送国家认可的鉴定机构进行计量鉴定。只有计量鉴定合格的器具方能在检测工作中使用。

检验尺的精度可以根据检测精度的要求进行选择，通常在对焊缝实施目视检测时，检验尺的精度要求在 0.1mm 以上。

照度计是用来测量环境照度的重要工具，要求其能够测量大于 1000 lx 以上的光照度。

灰卡是用来检定检测系统灵敏度的重要器具，灰度在 18% 以下，灰卡中的灵敏度黑线通常情况下要求其宽度小于等于 0.8mm，当然也可以根据检测精度的要求选择更为细的灵敏度黑线。由于灰卡属于色卡系列产品，它受光照的影响较大。因此在平时不使用时应放置在完全避光黑盒子中，以防止光线对它的灰度产生不利影响。

检测环境对目视检测有着直接的影响，尤其在电磁干扰较大的场合应注意干扰磁场的影响。显示观察时应注意显示器应尽可能不受阳光的直接照射，以免对人眼产生眩光和显示器对比度下降，从而影响到观察结果。检测场所的温度湿度也应得到控制，以免使镜头产生水气影响图像采集和传送。

## 9.3 检验文件

质量控制的核心内容就是要求工作执行人员按照规定的要求，执行检测任务。检测文件是开展检测工作的依据，对检测文件编制进行控制，为实施检测提供有力的基础保证。目视检测的主要文件有：检测工艺规范和质量计划等。

### 9.3.1 检测工艺规程

检测工艺规程作为执行检测的依据文件，对检测工作的开展有着直接的影响，因此必须对其进行严格的控制，控制的主要内容有：①要求检测工艺规程适用的对象明确；②依据的标准符合合同或技术规范的要求；③检测过程规定清晰明了；④使用何种检测设备精度要求（型号、规格）等；⑤对环境要求，照度、温度、湿度等；⑥检测人员要求，包括持证要求、技术能力、质量保证、其他相关知识等。检测工艺规程应该是符合现场检测条件的、切实可行的、合理的、经济的、能满足规定要求的、能保证检测质量的。

### 9.3.2 质量计划

针对某一特定产品、项目、合同规定专门的质量措施、资源和活动顺序的文件称为质量计划。质量计划作为检测活动的控制文件，要求重点突出、简洁明了、便于控制、见证点设置合理、有利于检测实施的连贯。质量计划中的设置的见证点其目的是为了有效控制检测过程的有效性，确保检测过程在受控条件下进行。质量计划中的见证点有三种：①停工待检点（H 点）要求检测执行到该步时必须由设置该控制点的监督部门人员到现场进行监督检查，签字确认后方可执行下一步工作，严禁越过停工待检点执行下一步检测工作。②见证点（W 点）的功能与停工待检点基本相同，惟一的区别在于如果监督人员不能及时到达现场进行监督检查时，为保证检测进度可以进行下一步检测工作。③提供文件化证据点（R 点）要求提供文件化的证据证明相关的活动是有效的，如仪器设备的计量检定合格证明，人员资格合格证明等。目视检测人员在检测过程中必须严格按照质量计划所规定的步骤进行检测。

### 9.3.3 文件的有效性

文件必须履行编制、审核、批准等手续，对编制、审核、批准人员的资格和要求进行审查确认，要求编制人员对该技术有足够的实际工作经验，充分了解合同所规定的要求和法律法规与标准的要求，持有 II 级或 II 级以上相应专业证书，同时还必须接受过质量管理知识的培训，充分了解质量管理体系对文件编制的要求。文件审核人员的知识、实际工作能力和相应的专业证书等级应不低于文件编制人员的要求，一般应是该方面的专家或具有相当工作经验的人员来担任。文件批准必须符合企业质量管理体系中对批准人员要求的规定，通常为企业的技术负责人或总工程师，实施项目管理制的也可以是项目经理或企业的最高管理者。文件还必须有版次、状态、编码等标识。

## 9.4 检测实施控制

检测实施控制通常分为跟踪检查和随机抽查两种。跟踪检查就是对检测的一个完整过程进行全过程的检查，首先应检查检测所需的文件是否准备齐全，人员是否满足要求，目视检测设备的状况是否良好，检定/检定证书齐全并在有效期内；实施检测时检查被检件的标识是否与计划一致，检测过程是否符合检测规程要求的步骤，检测结果是否按要求进行记录等等。总之检测的全过程必须符合检测工艺规程的要求，按照质量计划逐项进行，并形成完整的记录。

## 复 习 题

1. 目视检测质量控制的主要方面是什么？

2．检测人员能力评价要求是什么？
3．仪器设备质量控制的基本要求是什么？
4．目视检测的质量控制文件主要有几种？
5．什么是质量计划？
6．什么是文件的有效性？

# 第10章 安　　全

## 10.1　目视检测的安全要求

### 10.1.1　"安全""健康"的定义以及危害和风险

（1）安全的定义　在生产过程中安全是指人不受到伤害（死伤或职业病），物（设备或财产）不受到损失，而人的伤害和物的损失统称为事故。

（2）健康的定义　健康是指身体、精神、社会关系三个方面都处于完全良好的状态。

（3）危害　危害是指可能造成事故的客观事物或环境。例如电、高温、高压流体、噪声、放射性、电弧光等。

（4）风险　风险就是造成事故的机会。机会越大，越容易发生事故。风险的大小、高低、并不是完全由危害所决定的，而是和人对危害的认识以及采取的相应行为有直接关系，例如在高处作业，其危害是坠落，这是客观存在的工作环境，统计结果表明如果高度是3.6m，则坠落死亡的机会是50%，但是如果采取相应的安全措施，搭脚手架、戴安全带、用防护网。则作业人员坠落的机会就很小，即风险很小。

### 10.1.2　"安全第一"的工作方针

每一位工作人员都必须清醒地认识到，在任何一家企业内工作都存在一定的风险，而且这些风险具有特殊性。当我们认识到这一客观事实的时候，我们也就不难理解为什么在我们的工作中要贯彻执行"安全第一"的工作方针。

从安全的定义中我们看到安全包括"人"和"物"两方面，在贯彻"安全第一"方针的时候，必须以人为中心，即把人的安全放在第一位，把人的行为管理放在第一位。这是因为：人的健康，人的生命是最宝贵的，人是生产力的第一要素，一切物质财产都是通过人创造的；人是安全管理中最活跃、最难控制、最关键的因素。如果保证了人的安全行为，也就保证了财产的安全。

## 10.2　目视检测工作中存在的危险

### 10.2.1　造成事故的基本原因

（1）不安全状态　不安全状态是指一切不符合安全规范、标准的，可能导致事故的各种状态。按照我国国家标准GB 6441—1986《企业职工伤亡事故分类》，不安全状态可分为：

Ⅰ类：防护、保险、信号等装置缺乏或有缺陷。

Ⅱ类：设备、设施、工具、附件有缺陷。

Ⅲ类：个人防护用品等缺少，有缺陷。

Ⅳ类：工作场地环境不良。

（2）不安全行为　不安全行为是指一切不符合安全规章制度、操作规程的，可能导致事故的各种行为。按照我国国家标准 GB 6441—1986《企业职工伤亡事故分类》，不安全行为可分为：

Ⅰ类：操作错误、忽视安全、忽视警告。

Ⅱ类：造成安全装置失效。

Ⅲ类：使用不安全设备。

Ⅳ类：用手代替工具操作。

Ⅴ类：物体存放不当。

Ⅵ类：冒险进入危险场所。

Ⅷ类：攀、坐不安全位置。

Ⅸ类：在起吊物下作业、停留。

Ⅹ类：机器运转时在机器上进行不适当的作业。

Ⅺ类：有分散注意力的行为。

Ⅻ类：忽视使用个人防护用品。

ⅩⅢ类：不安全装束。

ⅩⅣ类：对危险处理错误。

### 10.2.2　有害和易燃化学品的污染危害

（1）危险化学品的概念　化学品中具有易燃、易爆、有毒、有害、有腐蚀的特性，对人员、设施、环境可能造成伤害或损害的化学品属危险化学品。

（2）化学品的危害　燃爆危害、毒性危害和环境危害。

（3）危险化学品进入人体的途径　吸入、食入和皮肤渗入。

（4）有毒化学品分为　剧毒品、有毒品和有害品三类。

### 10.2.3　危险化学品对健康的影响

（1）皮肤　导致皮肤干燥脱皮，引起过敏反应，被细菌感染的危险。

（2）神经系统　可能导致神经系统不同程度的损害，如反应迟钝、视力受损、肌肉无力以至于萎缩。

（3）血及制血系统　破坏红血球及改变骨髓制血功能，导致贫血或血癌。

（4）麻醉和中毒　影响中枢神经及大脑。

## 10.3　预防措施

### 10.3.1　集体预防措施

企业从事生产经营活动时，认真贯彻执行国家的环境保护法规政策，保护工作人员的健康，制定相关的规章制度，在职工中宣传贯彻执行，经常或定期组织安全检查，消除隐患，切实做到安全生产，组建化学事故应急救援抢救体系，对事故作出快速反应，开展危险化学品登记制度，建立危险化学品登记档案，在接触危险化学品的现场悬挂标识，避免发生事故。

（1）隔离　就是将工作人员与危险化学品分隔开来，是控制化学危害最彻底、最有效的措施。

最常用的隔离方法是将使用的危险化学品用设备完全封闭起来，使工作人员在操作中不接触化学品。如隔离整个机器，封闭加工过程中的扬尘点，都可以有效地限制污染物扩散到作业环境中去。

（2）通风　控制作业场所中的有害气体、蒸气或粉尘，通风是最有效的控制措施。借助于有效的通风，使气体、蒸气或粉尘的浓度低于最高容许浓度。

### 10.3.2　个人基本防护要求

在现代化企业中对设备、环境条件都采取了许多安全措施，从外部条件上保证了降低事故发生的风险，即使这些措施实施都非常好，个人防护也是非常重要的，个人防护是保证个人安全的最后手段。对于不同的事故风险必须采取不同的防护措施。

（1）安全帽　安全帽可以预防物体坠落，在狭窄环境内碰头等风险。

（2）安全鞋　安全鞋可以预防物体坠落砸脚、滑倒、脚掌被扎，脚趾压坏等风险。

（3）手套　手套可以保护手免受粗糙或尖物扎手，以及温度、腐蚀物等对手的损伤。

（4）耳塞、耳罩　听觉保护器可以防止噪声对听觉损伤。

（5）安全带　为防止在高处工作时坠落的风险，高度大于 2m 以上的工作场所必须带安全带。

（6）防护眼镜　为防止火焰、电弧的辐射，颗粒喷射、粉尘环境、化学的喷射对眼睛的伤害，在这些场所工作必须配带防护眼镜。

（7）呼吸防护用品　常用的呼吸防护用品分为过滤式(净化式)和隔绝式(供气式)两种类型，防止危险化学品吸入人体。

## 10.4　眼睛的防护

（1）温度、电磁辐射和放射性对眼睛的伤害　辐射对眼损伤包括电磁波中各种辐射线造成的损害，可导致角膜炎、白内障和视网膜出血、穿孔等。

（2）紫外线损伤　电弧焊的弧光，强光源中的紫外线，可致眼部损伤。紫外线对组织的光化学损伤是使蛋白质凝固变性，细胞坏死。远距离紫外线的穿透力弱，所以多数情况只损伤角膜上皮。常见的紫外线损伤有电光性眼炎，电光性眼炎是由强的弧光因未带防护镜引起的浅层角膜炎。

（3）高温损伤　高温环境中产生的大量中、短波红外线（波长 800～1200mm）被眼睛的晶体、虹膜吸收造成眼睛损伤，常见表现为白内障。

（4）放射性损伤　X射线、γ射线、中子或质子束等离子辐射性损伤引起眼睛的放射性白内障。

（5）眼睛的防护　从事接触紫外线、红外线、微波、各种放射性工作或在应用激光时，一定要有相应的防护措施，带相应的防护眼镜，如有色眼镜，铅玻璃眼镜，护目镜等；强光下工作时间不宜过长等。

## 复　习　题

1．什么是安全、健康、危害？
2．为什么要坚持"安全第一"的工作方针？
3．目视检测工作中存在哪些主要风险？个人防护措施有哪些？
4．哪些因素会引起眼睛损伤？